Rhetorik und Public Relations

Stefan Wachtel

Rhetorik und Public Relations

Mündliche Kommunikation
von Issues

Gerling Akademie Verlag

Die Deutsche Bibliothek – CIP-Einheitsaufnahme
Ein Titeldatensatz für diese Publikation ist
bei der Deutschen Bibliothek erhältlich

Copyright © 2003 Gerling Akademie Verlag
Amalienstraße 77, Gartenhaus, D-80799 München.
Alle Rechte, insbesondere das Recht der Vervielfältigung
und Verbreitung, vorbehalten
Umschlagsgestaltung: Solveig Witte, München
Titelabbildung: Anna Hainich: Monologkommunikation,
Acryl auf Papier, 2002
Satz: Fotosatz Reinhard Amann, Aichstetten
Druck und Bindung: Clausen & Bosse, Leck
ISBN 3-932425-58-8

www.gerling-academy-press.com

Inhalt

Vorwort   7

1
Die Renaissance der Rede in den Public Relations

public speaking   9
Vom Text zur Person   18
Vom Produkt zur Aktion   20

2
Der Ursprung der Publizistik in der Rhetorik

Lasswell-Formeln. Die getilgte Wirkungsabsicht   25
Leadsatz gegen Zielsatz. Die Bauformen von Nachricht
und Botschaft   29
Anschlußfähigkeit. Die Wiederentdeckung des Gemeinplatzes   35

3
Das mündliche Prinzip

Issues und Rede. Das Strittige   41
Mündlich : schriftlich. Die Achillesferse deutschsprachiger PR   47
Texte und Charts. Die Waffen der Beratung   53

4
Das Rhetorische Prinzip

Rhetorische Systematiken   59
Dimensionen des Rhetorischen   66
Logik und Psychologik   66
Handeln und Verhalten   69
Überzeugen und Überreden   71
Wahrheit und Wahrscheinlichkeit   74
Sein und Schein   78
Inhalt und Form   81

5
Die Personifizierung der Botschaft

Journalisten   85
Experten   87
Politiker   91
Spitzenmanager   92

6
Die Mechanik des Auftritts

CEO-Kommunikation   99
Markt und Trends der Auftrittsberatung   104
Risiken des Auftritts   111
Deutsche Sachlichkeit und protestantische Kargheit   114

7
Die Handwerksfelder von PR und Rhetorik

Topik. Die Kunst der Q and A   117
Schreiben fürs Hören. Der Rollenwechsel des Redenschreibers   121
Überzeugen vor Mikrofon und Kamera   128
Hauptversammlung und Pressekonferenz   130
Executive Coaching   136

8
Corporate Speaking. Zwischen Wirtschaftsrhetorik und Corporate Communications   139

Anmerkungen   143
Literatur   155
Register   165

Vorwort

Wo ist das Wissen aus 2500 Jahren geblieben? Wo die Methoden der Topik, die Kunst von Gleichnis, Höreransprache und Pointe? Die Branche kennt eine ihrer Wurzeln nicht.

Bislang waren die Public Relations zuständig für die Versorgung mit Informationen meist schriftlicher Natur. Es ging um Produkte. Jetzt sind – nicht anders als in jeder anderen Branche auch – Aktionen mit dem Klienten gefragt. Das wieder bedeutet, daß der Berater nicht mehr nur Text und Chart liefert – er handelt partiell als Coach.

Sachlichkeit und Nichtpersönlichkeit sind die Lebenslügen der deutschen PR. Für den Auftritt von Personen können sich die Public Relations nicht länger auf die Nachricht zurückziehen, die sich selbst genug ist. Erst wenn die »Information« rhetorisch geformt ist, wird sie attraktiv. Ohne Anleihen aus der Rhetorik kommt die Botschaft über die eher langweilige Pressemeldung nicht hinaus. Der Weg von der Nachricht zur Botschaft ist ein rhetorischer.

Heute wird der Auftritt zum Hebel (»personal leverage«). Vor allem aus der angelsächsischen Politik kommende Strategien der Personifizierung werden in Zukunft auf allen Feldern der Public Relations zu beobachten sein. Der erste Wechsel – vom Text zur Person – hat begonnen. Wir stehen schon am Beginn einer zweiten Transformation: vom Produkt zur Aktion.

Public Relations entdecken das »public speaking« neu. Sie suchen deshalb den Rückblick auf eine Disziplin, aus der sich öffentliche Ansprache erst entwickelt hat. Denn die Text- und Chartkünstler der Public Relations werden vom Klienten hin zur Rede getrieben. Das Spitzenmanagement braucht Methode für Rede und Antwort, schnell, effizient und diskret.

Man braucht nur einen Schritt zurückzugehen bis zu den Anfängen der Publizistik, die sich aus der Rhetorik entwickelt hat. Die Public Relations haben – vor hundert Jahren über ihre Mutter Publizistik – rhetorische Methoden mitbekommen. Und Jahrtausende alt ist die methodische Bewältigung des Strittigen (»issue«).

Wer der Frage »Was haben die Public Relations mit der Rhetorik zu schaffen?« auf die Spur kommen will, kann den Weg mitgehen vom rhetorischen System bis zu den methodischen Fragen von Auftrittsberatung und Executive Coaching: Rhetorik für Public Relations als Programmatik mündlicher Kommunikation. Aufgrund der Text- und Produktlastigkeit deutschsprachiger PR wird sich dieses Buch auf mündliche Rhetorik konzentrieren, obwohl schriftliche Produkte sicher auch von der alten Kunst lernen können.

Aber auch die alte Kunst wird sich bewegen. Sie wird – nicht nur wie bisher schon im Redenschreiben – in der Beratungspraxis ernst genommen werden. Auch zu dieser Modernisierung der Rhetorik möchte dieses Buch Anstöße geben.

Ein Buch also für diejenigen, die den Hebel des Corporate Speaking nutzen, von der Plazierung bis zum Dresscode, und für diejenigen, die Executive Coachings planen und didaktisch verbessern wollen. Damit der Auftritt nicht – wie das Cover-Bild der Leipziger Malerin Anna Hainich – »Monologkommunikation« bleibt. Ich danke Petra Irrle für die Redaktion, und Prof. em. Dr. Hellmut K. Geißner, Lausanne, für Gespräche seit 15 Jahren, ohne die es das Buch vielleicht nicht gäbe. Ich danke meinen Klienten, denn viele Ideen sind in der Zusammenarbeit entstanden.

Frankfurt a. M., im Juli 2003　　　　　　　　　　　　　　Stefan Wachtel

1
Die Renaissance der Rede in den Public Relations

public speaking

Beide Spieler der Public Relations, Klient wie Berater, sind auf die Rede verwiesen. Beide managen nicht mehr nur als stiller Macher, die ihr Anliegen nicht öffentlich erklären müssen. Heute hängt das Bild von Organisationen an der Wirkung von Köpfen. Rhetorische Vorbereitung von Auftritten wird deshalb zur Sache der Public Relations – aus der Sicht der Kommunikationsabteilungen als auch aus der Sicht der Klientenbetreuung durch die Agenturen. Public Relations werden tradiertes Wissen zu Hilfe nehmen müssen, mit Methoden, die derzeit noch nicht überall zur Expertise von Beratern gehören. Diese können für Auftritte modifizierte Methoden einer alten Kunst sein, Methoden der Rede selbst als auch Methoden des Trainings. Dies wieder hat zwei Aufgabenrichtungen:

1. methodisch gestützte Mündlichkeit für die Aus- und Fortbildung der PR-Branche selbst,
2. methodisch gestützte Mündlichkeit für Produkte und Executive Coaching für Vorstände der beratenen Unternehmen:

1. Medienarbeit ist Vertrieb. Tagtägliche Arbeit der Öffentlichkeitsstellen ist die Durchmusterung von Argumenten unter dem Wirkungsaspekt. So werden Beziehungen (»relations«) rhetorisch. Anschlußfähigkeit, zum Beispiel, wird zum Kriterium der Botschaft, in dem Sinne, daß Journalisten sich ihr anschließen sollen. Das setzt Überzeugungskraft von Personen schon in der Kommunikation mit Redaktionen voraus, und dringlich wird sie im Gespräch mit Klienten.

Aber Pressesprecher kommen von der Presse. Sie kommen vom Text, von der Zeitung, also von der Sprache, sie können das selbstverständlich. So oder so ähnlich hört man es. Es gibt genügend Ratgeberbücher für Pressesprecher, die offenbar nicht sprechen müssen.[1] Mündliche Kommunikation (»public speaking«) sah der Kanon der dort vermittelten Kompetenzen lange Zeit nicht vor. Das hat sein Pendant in der Praxis. Nicht alle Kommunikatoren nehmen die in der Berufsbezeichnung eingegossene Fähigkeit ernst. Derzeit noch ganz wenige nehmen Coaching für mündliche Situationen in Anspruch, bevor sie es ihren Vorständen vorschlagen.

Wenn »Rhetorik für den PR-Alltag«[2] Public Relations-Ausbildungsveranstaltern ein Seminar-Thema wert ist, dann ist das nicht selbstverständlich. Es zeigt aber, daß rhetorische Kommunikation zum Basiswissen und -können und zum Ausbildungsfeld der PR-Branche wird. Vieles aber verbleibt noch in der Rubrik »Persönlichkeitstraining«, erst mit »Medientraining« und »Argumentationstraining« kommt Methode hinzu. Ein »Rhetorik-Workshop« etwa im Rahmen der PR-Ausbildung ist in manchen Programmen Standard: »Intensives Video-Training – auch in kritischer Situation als Pressesprecher vor der Kamera – dient zur Sicherheit bei späteren öffentlichen Auftritten«.[3] So wird mündliche Kommunikation Teil der Ausbildung von PR-Fachleuten, nicht nur für öffentliche Auftritte, sondern auch als Gesprächsrhetorik im Führungsalltag. Zu den qualitativen Anforderungen an Public-Relations-Manager zählt explizit »rhetorische Professionalität«.[4] Diese aber taucht teils nur als »Verhalten« auf, also nur als rhetorische *actio*, nicht erkennbar in der Verbindung mit Inhalten (*inventio, dispositio*) oder integrierter Auftrittsberatung (vgl. »Corporate Speaking«). In den drei Feldern berufsbegleitende Aus- und Fortbildung, Qualifizierungsseminare und hochschulgebundene Ausbildungen sind nur vereinzelt rhetorische Themen zu finden, etwa »Rhetorik und Präsentationstraining« u.a. »längere Reden«, auch »Moderationstraining«.[5] Vermittelt werden »Techniken«[6] zur »Kommunikationsproduktion«, Produkt statt Aktion.

In der PR-Ausbildung dominiert der Text. »Journalistisches Schreibtraining« wird am häufigsten angeboten, obwohl die strategischen Ziele komplett andere sind als die der Journalisten. In der publizistischen Schreiblehre existieren noch Reste der rhetorischen *elocutio*. Aber über die Erfindung, die Idee, die Anordnung und Konzipierung der Rede sagen die gängigen Stilistiken fast nichts.[7] Damit verlassen wir dieses Feld und bleiben bei der Beratung für die Auftritte des Klienten.

2. Für die Rede in bezug auf Klienten-Beratung wird die Fähigkeit genannt, Standpunkte ihrer Mandanten kenntnisreich und vertrauenswürdig vertreten zu können.[8] Es fehlen aber weitgehend Qualifizierungen zum Executive Coaching mit Spitzenmanagern der Klienten. Dies wäre ohnehin nur als »train the trainer«[9] zu leisten. Das aber ist nicht mehr Aufgabe einer PR-Ausbildung. Schließlich: Was auf diesem Feld angeboten wird, sind Seminare, aber kein Vorstand des Klientenunternehmens geht heute noch in ein Seminar. Deshalb engagieren Beratungsagenturen

für das Executive Coaching professionelle Berater, die mit dem Repräsentanten einzeln arbeiten.

Schauen wir genauer auf die Ziele der auftretenden Personen. Es sind zwei Kriterien, nach denen wir den Auftretenden beurteilen.

1. Informieren: Kann sich der Redende verständlich machen?
2. Überzeugen: Erzielt der Redende Wirkung?[10]

Das erste Kriterium wird in PR hervorragend bedient. Es fehlt aber an Methoden des Überzeugens in Aktion, in drei Beispielen:

- Inhalte finden, für Reden und Q and A. Das setzt die Kenntnis der alten Kunst der rhetorischen Topik voraus: Wo und wie finde ich Argumente? (vgl. S. 117) und wie sind Argumentationen aufgebaut?[11]
- Botschaften anschließen. Sein Publikum kennen und ansprechen, das bedeutet, Inhalte zu finden, die auf Erwartungen und Befürchtungen des Publikums eingehen. Das leisten Äußerungen in der Bauform von Zeitungsnachrichten eher nicht, die nicht explizit anschließen. In dieser Frage scheint *tabula rasa* zu herrschen. Anders ist es nicht zu erklären, warum sich die Branche so hungrig auf den Pleonasmus »Dialogkommunikation« geworfen hat.
- Attraktivität des Auftritts fördern. Zu beachten ist zum Beispiel das alte Verhältnis von Inhalt und Form. Oder – moderner formuliert – zwischen Authentizität und Ansehnlichkeit und Anhörbarkeit im Auftritt, zwischen Person und Rolle. Man kann das – ganz deutsch – als Arbeit am Schein geißeln. Man muß es aber nicht, denn die Attraktion ist immer schon der Auftrag an die PR.

Der Auftritt ist ein Hebel, denn die Ziele der gesamten Corporate Communications sind durch auftretende Personen repräsentiert:
- Kompetenz und Akzeptanz bei Kunden steigern,
- Motivation der Mitarbeiter stärken,
- Reputation nach außen aufbauen,
- Vertrauen von Investoren gewinnen.[12]

Es ist Zeit für eine Wiederentdeckung der Mündlichkeit für die Public Relations und zugleich für die Wiederentdeckung einer Jahrtausende alten Disziplin. In dem Maße, in dem die Anforderungen an die Klienten höher und komplexer werden, sind bewährte Methoden gefragt. Im Kampf um Zustimmung bietet sich die Rhetorik an, denn sie hat ja keineswegs nur »Informieren« im Blick – das leistet in der Tat die E-Mail hervorragend –, sondern Überzeugen durch auftretende Menschen. Überzeugen gelingt aber nur dort, wo Denkstil, Sprachstil und Sprechstil bis hin zum Habitus vorbereitet und originär zugleich sind. »Wirtschaftsrhetorik«[13] wird nur erfolgreich sein, wenn sie sich auf diese alten Einsichten besinnt.

Der Ursprung der Public Relations liegt dort, wo Programme auf den Begriff gebracht, in Texte gegossen und durch auftretende Personen repräsentiert wurden und dadurch Beziehungen (»relations«) entstehen. Public Relations sind älter als ihr Begriff und älter als ihre Theorien zumal. Begriffsbestimmungen gehen in die Tausende.[14] Public Relations werden gern mit Massenkommunikation ineins gesetzt, oft auch mit Medienkommunikation. Dieser Blick verengt. Public Relations ist das Management von Kommunikation und Beziehungen zwischen Organisationen und Öffentlichkeiten mit dem Ziel, Organisationsinteressen durchzusetzen, aber auch, Differenzen zwischen diesen und der Umwelt zu verringern.[15] Ziele sind – neben der Grundlage Verstehen – »Vertrauen und Verständnis«.[16] In beidem erkennt man die rhetorische Zielkategorie Zustimmung.

In den Instrumenten der PR, wo individuelle Kompetenz des Sprechens und Schreibens existenziell sein sollte, kommt Rhetorik selten vor. In dem Kanon der Funktionen der PR erscheint Rhetorik allenfalls in den Funktionen des PR-Managers, nur am Rande in der Rede nach außen, in der »Herstellung von Kontakten«, nach innen gar nicht. Auch in einigen Kategorien der PR läßt sich so etwas wie ein rhetorisches Prinzip auffinden, zum Beispiel in allen der folgenden Kompetenzen: Kommunikationskompetenz, Redaktionskompetenz, Kreativitätskompetenz und Managementkompetenz.[17]

Nahezu alle Disziplinen haben die Rhetorik wiederentdeckt, die Soziologie, die Philosophie, die Literaturwissenschaft, die Sozialpsychologie ohnehin. Aber PR-Ratgeber dagegen behandeln Methoden mündlicher rhetorischer Kommunikation nur am Rande, viele gar nicht. Die Rhetorik ist vergessen. Ratschläge zur mündlichen PR hängen den meisten Konzeptionen bloß an, sprechwissenschaftlich begründet sind sie selten. Die Branche schließt implizit von der Sprache der Pressetexte auf die überzeugenden mündlichen Äußerungen. Im »Handwörterbuch der PR« erscheint Rhetorik allenfalls als »Rede« als »prominentester Fall informeller Kommunikation« oder als »Typus strategischer Kommunikation«.[18] Erst hier würde die Beziehung interessant, denn dieses »strategisch« enthält exakt das Wesen der Rhetorik. Es entspricht dem Persuasiven, dem Zielorientierten und Wirkungsinteressierten der alten Kunst. Insofern müßte alle PR strategisch – und rhetorisch – heißen. Dabei wäre kaum einer der Begriffe der PR zu variieren, wenn er auch für die Rhetorik zutreffen sollte. Gemeinsamkeiten fallen zudem auf, wenn man die Dimensionen der PR ansieht:

1. prozessural (Strategie und Methode)
2. material (Produkte der Beratung)
3. personal (Konzepte und Methoden für die Aktion und deren Plazierung).

»Rhetorik«, sagt Aristoteles, ist »das Vermögen, bei jedem Gegenstande das möglicherweise Glaubenerweckende zu erkennen.«[19] Das ist ersichtlich nicht »Wahrheit« oder »Offenheit«. Diese waren noch nie Kategorien der Rhetorik, weil Redner lediglich Aussagen machen und diese dann verstanden oder geglaubt werden oder nicht. Deshalb bietet sich heute – ganz artistotelisch – »Glaubwürdigkeit« als zentrale Zielkategorie an.[20] Es ist evident, daß das den Erfolg an die Wirkung auf das Publikum rückbindet. Besieht man also »Glaubwürdigkeit« näher und schält man von diesem Begriff die alltäglich eingeschliffenen Konnotationen im Sinne von Redlichkeit ab, dann ist zu sehen, daß einzig der Effekt zählt. Wir sind auf gefährlichem Terrain. Es geht nicht nur um die »Sache« und den Ausdruck von etwas, es geht um den Eindruck auf etwas.

Rhetorik als Handwerk und Kunst des wirkungsinteressierten Redens und Schreibens ist 2500 Jahre alt. Die jüdische und chinesische Rhetorik

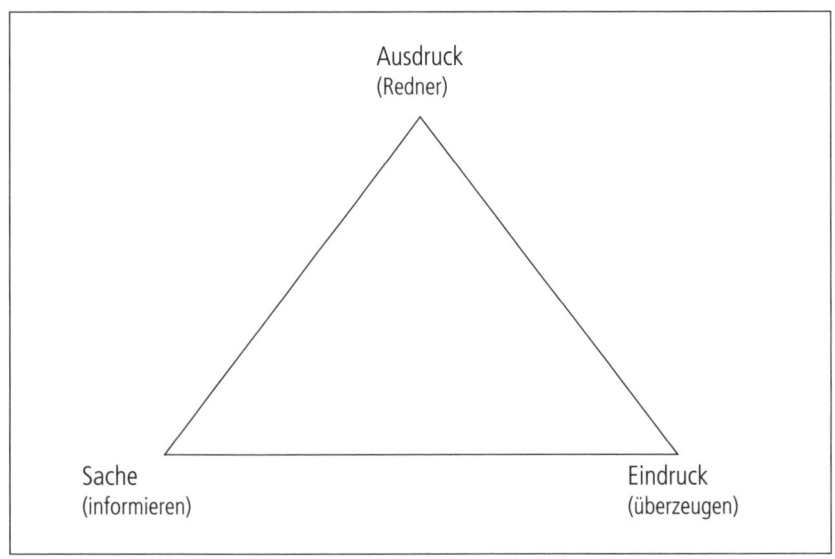

sind weit älter. Am Anfang ihrer Geschichte war die Rhetorik weitgehend mündlich. Schriftlichkeit war noch Vehikel, die Redesituationen vorzubereiten; es wurde auswendig gelernt. Erst später prägte sich – aus der rhetorischen Kunst des Briefschreibens einerseits und der Poetik andererseits – eine Schreibrhetorik aus, die auf Lesetexte zielt. Heute ist diese dominant, während Mündlichkeit gelegentlich mit Beliebigkeit, Unsicherheit und Risiko assoziiert wird. Hinzu kommt: Scheinbar sträubt sich mündliche Überzeugungsarbeit gegen Professionalisierung. Dies wird hingenommen, obwohl wir es längst mit einer neuen Mündlichkeit zu tun haben, die von PR-Beratung Antworten erwartet. Dem haben die Public Relations deutschsprachiger Couleur kaum irgendwo Rechnung getragen:

1. Ihr Paradigma ist vielfach noch immer die Pressemitteilung.
2. »Beratung« im Wortsinne heißt, dem Klienten Rat geben zu können. Meist bleibt es bei Anfertigen von Produkten (Texte und Charts).

Rhetorik ist überall, und jeder Sektor des Lebens hat seine »sektorale Rhetorik«.[21] Uns interessieren hier Wirtschaftsrhetorik und Medienrhetorik. Andere sektorale Rhetoriken sind etwa solche der Forensik, der Homiletik, der Parlamentarik und der Organisationsrhetorik.[22] Rhetorische Kommunikation wird hier als mündliche Kommunikation verstanden. Mit mündlicher Kommunikation befaßt sich die Sprechwissenschaft. Hier wird unterschieden zwischen phatischer (absichtsloser) Kommunikation, therapeutischer, ästhetischer Kommunikation (Rezitation, Theater) und schließlich »rhetorischer Kommunikation«. Die sprechwissenschaftliche Theorie mündlicher Kommunikation verlangt eine »Kommunikationspädagogik«. Hier ist rhetorische Kommunikation »die Summe der Reziprokhandlungen von Hörverstehen und Sprechdenken mit dem Ziel der sozial verantwortbaren Handlungsauslösung«.[23]

Gegenstand der Rhetorik ist es, die Möglichkeiten zu erforschen und die Mittel bereitzustellen, die nötig sind, die Überzeugung von Personen und Organisationen allgemein zu machen.[24] Die Rhetorik beschäftigt sich mit der Frage, wie Redegegenstände gefunden, angeordnet, aufbereitet, formuliert und am überzeugendsten präsentiert werden können. Denkstil und Sprachstil (als Vertextungsanleitung) spielen eine Rolle, ebenso der Sprechstil (als Performanzanleitung).[25] Rhetorik ist immer auch Heuristik, die – vor dem Aussprechen – auch die Ansammlung von Wissen lehrt (informieren). Vor allem aber fragt sie nach der Wirkungsabsicht der Äußerung (überzeugen). Aber nicht allein; rhetorische Kommunikation zielt auf gutes Reden, darauf, nicht nur irgendwie flüssig und schön zu sprechen, sondern »eu legein«, d.h. »gut zu reden und Gutes zu reden.«, und nicht nur irgend etwas zu tun, sondern »eu prattein«, d. h. »gut zu handeln und Gutes zu tun«. Für das Reden wie für das Handeln gelten also immer beide Forderungen gleichzeitig: Sie sollen formal und sittlich gut sein. Es geht also weder nur um die Mittel (»schön reden«) noch ausschließlich um die äußerlichen Ziele (»wirkungsvoll reden«), sondern letztlich um die »eupraxia meth' arethes«, Handeln gemäß der sittlichen Tüchtigkeit. Von diesem Grundverständnis aus sind die üblich gewordenen Eindeutschungen – »Redetechnik oder Redekunst« – ebenso unzutreffend wie die Ausweitungen des Rhetorischen auf alles, was sich mit Worten machen läßt.[26]

Cicero unterscheidet Wissen (*scientia*) für Wissenschaft und Philosophie und Meinung (*opinio*) für die Rhetorik.[27] Sie handelt nach Aristoteles von Gegenständen, für die wir keine gesicherten Wissenschaften besitzen. Die Wirklichkeit kann sich immer auch anders verhalten, was heißt: praktisch beurteilen kann das kein monologisches Bewußtsein, sondern die Verständigung von Sprecher und Hörer. Auch darin sind unschwer professionelle Ziele der PR zu erkennen.

Auftritte gehören ganz selbstverständlich zur angelsächsischen Public Relations dazu, während die deutschsprachige dies den Managern der Klientenunternehmen hilflos überläßt. Das zeigt sich einerseits in der Theorie der Rhetorik. Sie geistert zwar noch durch den »humanistischen« Schulunterricht, aber ihrer rudimentären Praxis traut heute kaum jemand mehr zu, als für populäre Konzepte von »Körpersprache« und Präsentations-Ratgebern herzuhalten. Andererseits die Praxis: Was benutzt wird, ist nicht selten zufällig auf einem Markt erworben, der von »Sorge Dich nicht, rede!« bis »Mit Charisma an die Börse« reicht. Die Praxis bewegt sich auf einer Schwundstufe der Rhetorik. Sie läßt sich an heutigen Rhetorik-Ratgebern erkennen, Geschmacksäußerungen,[28] die wissenschaftliche und didaktische Begründungen vermissen lassen. Die Schwundstufe der Rhetorik ist zurückgesunken auf den Status vorbegrifflicher Ausübung, deren Kunstgriffe nach dem Prinzip Versuch und Irrtum zusammengebastelt wurden. Vorbegrifflich heißt, offenbar ohne Theorie. Etwa so, als würde die Chemie heute wieder alchimistische Probiererei werden.[29]

Demgegenüber steht ein wachsender Markt für Rhetorik, und hinter diesem wieder die blanke Not der Repräsentanten von Unternehmen und Verbänden, wenn sie auftreten sollen. Sie brauchen Hilfe in und für die Aktion. Das befördert eine Renaissance der Rhetorik.

Aber wie jede Renaissance erlebt auch diese ihre Gegenwelle. Sie spekuliert auf Echtheit oder »Natürlichkeit«. Das Beharren auf dem Ist-Zustand ist nun aber das Gegenteil professioneller Arbeit. Ein Redner solle

»natürlich« auftreten, wäre – nebenbei – antiker Rhetorik fremd gewesen. Vielmehr war hier der Kunst-Charakter des Redens dem Publikum selbstverständlich. Gerade die geglückte »Unnatürlichkeit« galt als Kriterium der Güte eines Rhetors.[30] In der römischen Rhetorik hieß es: »Die Kunst soll die Kunst verbergen« (*ars celaret artem*). Im Idealfall erfüllt der Auftretende die Rolle, ohne sie zu spielen.

Der Kanzlerkandidat »läßt sich nicht verbiegen«, sagt der Wahlkampfberater. Man wollte im Wahljahr 2002 »einen echten Stoiber zeigen«, der redet, wie er eben ist. Macht man sich an die praktische Übersetzung solcher Sätze, kommt man auf die Aussage: »der sich nicht darum kümmert, ob er sich seiner Kundschaft verständlich machen kann«. In solchen Selbst-Bekundungen von PR-Strategen scheint abermals durch, was nur auf den ersten Blick einsichtig scheint: authentisch ist gleich gut. Das ist eine Verleumdung von Public Relations und Rhetorik gleichermaßen. Der Kandidat läßt sich nicht verbiegen, so etwas impliziert, daß es Rhetoriktrainern um die Deformierung von Menschen zu tun ist. Der erste Treiber dieser Gegenwelle ist die Verleumdung der Rhetorik als Schein-Kunst.

Der zweite Treiber der Gegenwelle ist ein vermeintlich wirtschaftlicher, und deutsche »global players« liefern uns seit dem Ende der New Economy genügend Beispiele. Die Zeit der Unternehmenslenker, die in Auftritten gewonnen haben, schien zwischenzeitlich vorbei zu sein. Die Gegenwelle nutzt die Skepsis gegenüber den »gnadenlosen Selbstdarstellern«, die alles an den Mann bringen, wenn es nur »überzeugend genug verkauft« werde.[31] Um nicht Namen aus der Wirtschaft zu nennen: Man könnte sagen: Christoph Daum ist weg – Die Kurse der Dotcoms fielen etwa zur selben Zeit, als dessen Haarprobe den »Treibstoff« der New Economy aufwies. Das alles schien wie »das Ende einer Ära«.[32] Die Gegenwelle schließt an die deutsche Romantik an, »Ehrlichkeit und Vertrauen« werden dem wirkungsvollen Auftritt entgegengesetzt. »Vielleicht zählt eines Tages das Sein doch wieder mehr als der Schein. Vielleicht besinnen sich die Menschen wieder auf Mündigkeit und lassen sich nicht mehr so leicht blenden.«[33] Dieses Blenden eben wird pauschal der Rhetorik zugeschlagen.

Mit dem Umkehrschluß sind wir zu schnell bei der Hand: Es seien jetzt diejenigen gefragt, die nicht so sicher reden, möglichst gar nicht, die nicht professionelle Auftritte pflegen, die sich nicht attraktiv verständlich machen können, kurzum: deutsche Tugenden. Dahinter steht ein Klischee, das ebenso gut deutsch ist, wie es zur Professionalität der Executives nicht beiträgt: Wer grau gekleidet ist und langweilig redet, der macht ein gutes Management. Auch hier das nämliche, mit dem bekannten Effekt: Wie schon der Politkandidat wird der langweiligste CEO als der »Kompetente« gefeiert. Die deutschen Tugenden genügen auch hier nicht. Das Gegenteil ist richtig. Es fehlen Vordenker, es fehlen »Rhetoren« mehr denn je. Es fehlen Manager mit sozialem gesellschaftlichem Weitblick, die Sinn für Issues haben[34] und diese wirksam vertreten können.

Hinter der Verleumdung der Rhetorik steht nicht nur deutsche Angst vor dem *pathos*. Rhetorik gehörte immer zu denjenigen Begriffen, die ebenso schnell zurückgewiesen werden, wie sie auftauchen.[35] Das Thema ist alt; Platons Sophistik-Kritik gab nur das Thema, die Variationen werden bis heute gespielt. Rhetorik gilt als unseriös. Schon die antiken Eristiker (»die Streitbaren«) huldigten einem ethischen Rigorismus, der es ihnen verbot, sich auf die schlechte Welt des Scheins einzulassen.[36] Gottsched schrieb später: »Doch diese falschberühmte Kunst ist bey allen rechtschaffenden Leuten bald in Verachtung geraten«. Bis heute reicht das fort. »Rhetorik ist gut, glaubwürdige Antworten sind besser!«[37], und gern wird von »negativer Rhetorik«[38] gesprochen. Wer dem Begriff begegnet, dem schwant nichts Gutes.

Die Verleumdung bekommt schließlich immer wieder Nahrung durch fehlende Seriosität der Quellen und Methoden. Dienstleistungsbemühungen für den Auftritt greifen auf einen Markt zurück,[39] der selbst nicht das beste Image hat. Nicht immer findet in den Public Relations eine qualitative Auswahl von Beratern und Coaches statt, und zu selten nach den für Klienten entscheidenden Kriterien Rhetorik-Kenntnis und didaktische Ausbildung derselben. Die Rhetorik in den PR scheint zu bleiben, als was sie jahrzehntelang wahrgenommen wurde: eine Disziplin, die weitgehend dem Ratgebermarkt und den Schauspiellehrern überlassen bleibt.

Die Renaissance der Rhetorik ist zugleich das vorläufige Ende ihrer Verleumdung.[40] Öffentlichkeitsarbeit ist zum Wertfaktor geworden, neben Kapital und Innovationen stehen die Vermittlung und die Beeinflussung von Meinungsführern und Medienpublikum ganz oben. Unternehmen und Verbände wie ihre Dienstleister aus den Public Relations haben verstanden, daß sie moderner Methoden bedürfen, um die Auftritte vor allem des Spitzenmanagements zu professionalisieren – mit einem größeren Impact für Image, Börsenkurs und Kundenattraktion. Eine Praxis ist gefragt, die sich an den Bedürfnissen modernen Issues- und Kommunikationsmanagements orientiert. Das Paradigma der Public Relations wechselt unter zwei Aspekten: Vom Text zur Person und vom Produkt zur Aktion.

Vom Text zur Person

Zur mündlichen Ansprache leitet PR-Beratung an, indem sie Texte herstellt und Charts produziert. Kein Wunder, jahrzehntelang war die Kommunikationsabteilung nur für Schriftliches zuständig. Aber wie im Geschäft sonst auch, rückt jetzt der Endkunde Meinungsführer oder Journalist in den Mittelpunkt. Der Kunde braucht Ansprache. Diese wieder braucht Vorbereitung, die so professionell ist, daß Äußerung und Auftritt durchdacht und geplant und trotzdem lebendig sein müssen. Das leisten weder Text noch Chart, obwohl sie für manche Zwecke nötig sind.

Die Beratungsbranche denkt in Texten, schon weil sich durch Schriftstücke die Beraterleistung aufbewahren und jederzeit vorweisen läßt. Die Public Relations haben die Schriftlastigkeit bloß zementiert, sie kommen vom Text. Der Nachwuchs der Branche unterstützt diesen Trend abermals, und wenn Sprachunterricht wesentlich Schreibunterricht bleibt, wird sich das fortsetzen. Noch immer ist Nietzsches Verdikt in Geltung: »Der Deutsche liest nicht laut, nicht für's Ohr, sondern bloß mit den Augen: Er hat seine Ohren dabei in's Schubfach gelegt.«[41]

Es gibt zaghafte Versuche, die Beziehung von Public Relations und Rhetorik aufzugreifen mit dem Blick über das Manuskript hinaus. Titel wie »Die Rede als PR-Instrument«[42] konstatieren, Rhetorik genüge nicht: »Dieser immanente Ansatz muß daher durch einen kontextualen Ansatz ergänzt werden, der die Rede in das kommunikative Geschehen des Unternehmens einbettet.« Nun ist aber keine Rede, die gut war, jemals nicht in das kommunikative Geschehen eingebettet gewesen. Begriffe wie »kontextual« verraten es: Die Rede mag mit kompetenterer Beratung zwar »in das kommunikative Geschehen des Unternehmens eingebettet« sein – noch immer ist sie Text, der oft nicht aus dem Mund geht, kaum ins Ohr und oft ins Auge. Gerade das mag einer der Gründe sein, warum PR, sobald sie sich auf das Feld der öffentlichen Auftritte werfen, selten über den Status des Redenschreibens hinausgehen. Solange Public Relations nicht Mittel und Wege finden, wenigstens zu verhindern, daß der Vorstand in Mitarbeiter- und Führungskräftekonferenzen seinen Leuten buchstäblich etwas vorliest: das da auch noch heißt. »Wir müssen uns ändern – wir müssen direkter und frischer kommunizieren.« und dabei am unveränderlichen Manuskript bleibt, solange wird er wissen: PR-Beratung kann mir bei meinem Auftritt nicht helfen.

Ein anderes Beispiel: Solange die teils unsäglich langen »Q and A« den Vorständen vorgelegt werden, mit der letztlich zynischen Bemerkung, er möge das »irgendwie frei« hinbekommen (was nicht geht: einen Text frei sprechen), solange war und ist PR-Beratung nicht der Ansprechpartner für die Auftritte des Vorstands. Wenn die Branche beklagt, daß »PR-Abteilungen offensichtlich nicht durchgängig an der Vorbereitung von Reden beteiligt sind«,[43] dann hat das mit der Kompetenz zu tun, die der redende Vorstand der Abteilung zutraut. Wenn nur Text die Beschäftigung der Public Relations mit dem Auftritt ist, dann gibt es viel zu tun, zumal noch immer methodisch nicht Faßbares wie »journalistisches Gespür« »Sprachgefühl« oder »Textsicherheit« herhalten müssen, Qualitäten, die nicht auf die Vermittlung zielen.[44] Der Text genügt nicht, wenn es um Qualitäten von Personen geht.[45]

Die Auftraggeber der Beratung bekommen die Textlastigkeit der PR zu spüren. Der enge Blick auf Text und Produkt bringt die Klienten in ein Dilemma: Soll er/sie[46] vorlesen und sich damit um Wirkungschancen bringen oder »frei« reden und den Kontakt zur Kommunikationsberatung verlieren? Daß Klienten für ein solch gefährliches Ergebnis Geld ausgeben, erscheint schon heute fraglich, vor allem angesichts der wirtschaftlichen Probleme der PR-Branche. Selbstverständlich gibt es auch – neben der PR für Organisationen – die für Einzelpersonen, die denselben Regeln folgt, nur mit weit weniger Verantwortung. Deshalb »sollte das traditionelle Begriffsverständnis von PR den Bedingungen der Märkte angepaßt und auf Menschen und deren Leistungen ausgeweitet werden«.[47]

Personen stehen für das Anliegen der Organisation: Wenn der Name des Unternehmens fällt, erscheint in der Vorstellung der Stakeholder ein Kopf – und umgekehrt. Das Gesicht von Jack Welch ist kaum weniger bekannt als das von Jack Lemmon. Auch in Deutschland ist mancher Kopf präsenter als das Unternehmen selbst. Dies gilt uneingeschränkt auch dann, wenn Köpfe wechseln. Der Kopf zählt, und der Auftritt mehrt Kapital und stärkt die Unternehmensmarke. In Zeiten, in denen die Börsennotierung über das Wohl und Wehe auch der Mitarbeiter entscheidet, ist er unvermeidlich. Zudem werden auch deutsch geführte Unternehmen in Zukunft lernen müssen, mit der Rede ihrer Vorstände Vertrauen zum Publikum aufzubauen. Das geht am besten über Gesichter, über Fotos und das Fernsehen (»talking heads«). Wer diese versteht und ihnen glaubt, ist dem Unternehmen verbunden, wie bewußt auch immer.

Wenn das Image des Unternehmens zu zwei Dritteln vom Image des Vorstandsvorsitzenden abhängt,[48] hat dies Konsequenzen für die Public Relations. Nicht länger ist nur die Pressemeldung das Paradigma der Beratung, sondern auch die Rede. Dies ist nicht Boulevardisierung der Inhalte, die immer wieder befürchtet wird, sondern es trägt der Einsicht

Rechnung, daß über Menschen vermittelte Informationen sicherer dort ankommen, wo sie hin sollen. Und daß die Mehrheit der Botschaften nicht aus unpersönlichen Fakten besteht, ist offenkundig, selbst noch bei vermeintlichen Zahlenentscheidungen wie der Aktie. Das bedeutet: Konzeption, Vorbereitung und professionelle Ausführung von Auftritten ist nicht länger Privatangelegenheit der Spitzenmanager. Vom Text zur Person. Das ist die erste Transformation[49] der Public Relations unter rhetorischem Blickwinkel.

Den Wechsel vom Text zur Person hat die deutschsprachige PR kaum irgendwo mit Methode vollzogen. Die Mittel der Personifizierung sind noch immer im wesentlichen Bücher, Texte, Namensartikel und Autobiographie, kaum Auftritte oder etwa Fotos des Managements, die an ein Massenpublikum anschließbar sind. Was der PR-Altvater Avenarius noch 2000 über Vorstände von Wirtschaftsunternehmen schrieb, stimmte schon damals nicht mehr: »Boulevardpresse und Lifestylezeitschriften kommen hier nicht zum Zuge«. Das ist längst anders. Untersuchungen zur Medienresonanz zeigen: In publizistischen Äußerungen zu ausgewählten deutschen CEOs fanden sich Werte um 15%, die Persönliches betrafen, neben Sach- und Fachthemen.[50]

Vom Produkt zur Aktion

Die gängige Beratungspraxis hat Konsequenzen für die Prozedur der Ansprache. Die rhetorische *actio* wird vernachlässigt zugunsten oft umfangreicher Ausarbeitungen, die sich schließlich kaum noch vermitteln lassen. Es wird in gängiger Praxis zwar eine Fülle von »Informationen« bereitgestellt und dem Dokumentationszwang genüge getan. Aber Berater können vielfach nicht angeben, wie diese in der Situation zu vermitteln sind. Anders gesagt: In der deutschsprachigen PR gibt es ein Mißverhältnis von (Rede-!) Situation und (Produktions-)Methode. Auftritte von Führungspersonen und deren Vorbereitung sind aktionsaffin und nicht produktaffin.

Ein Beispiel. Wer Powerpoint-Charts liefert, muß sich nicht wundern, wenn der »voice track« dem Zufall überlassen bleibt. Daß dazu rhetorische Kompetenz vonnöten ist, darauf weisen die Meinungsführer der Public Relations allenfalls hin. Die Not der Repräsentanten beim Auftritt hat ihr Pendant in der Not der PR-Beratung. Das Produkt genügt nicht.

Die zweite Transformation der PR-Beratung – vom Produkt zur Aktion – betrifft nicht nur die Klientenarbeit. Selbst der eigene Auftritt des

Beraters steht infrage. Der Pitch, die kompetitive Vorstellung von Agenturen, sollte in den Jahren der Digitalbegeisterung durch »e-screenings« ersetzt werden. Statt Aktion erscheint hier ganz konsequent nur das Produkt als Powerpointdatei. Elektronisch Zugesandtes sollte »PR-Blasen unterdrücken«. Das Gegenteil stimmt, denn in der Regel zwingt erst der Auftritt zur Konkretisierung des auf- und abgeschriebenen Angebotes. Unternehmen wissen das, sie wollen den Berater sehen und hören.

Der starre Blick auf das Beratungs-Produkt dient nicht immer der Aktion des Klienten. Am Beispiel des sprachlichen Angebotes läßt sich das zeigen. Die Wiederholung von Aussagenclustern wird vermieden, weil für jedes Produkt frisches Honorar fließen soll – vermeintlich nur für vermeintlich neuen Text. Das aber denkt nur kurzsichtig bis zur Erfüllung des Werkvertrages.[51] Der Blick auf das Publikum braucht oft eher die Wiederholung und Varianten des Gesagten. Soundbites des auftretenden Klienten sind deshalb so wirkungsvoll, weil sie wiederholen. Beratung wird Argumente angeben und Mut aufbringen müssen, für den Auftritt die Wiederholung vorzuschlagen, weil sie rhetorisch wirkungsvoll ist.

Die Aktion des Klienten schließlich kann strategisch eingesetzt werden, denn die Äußerungen der Akteure (»O-Töne«) sind immer seltener durch journalistische Fragen evoziert, sondern häufig selbstinszenierte Ereignisse.[52] Zu den Schriftprodukten, Charts und Factbooks müssen Methoden zur Redewirkung hinzutreten. Denn es ist schlicht nicht mehr hinnehmbar, daß ganze Unternehmen auf Kundenfocus getrimmt werden, und dessen Repräsentanten in einer Weise reden und gekleidet sind, die sich darum gerade nicht kümmert: unanschaulich, unansprechend und nicht selten unverständlich. Sie sind weit vom Kunden entfernt, und die Aufgabe von Kommunikationsberatung wird es werden, mit sprachlichen Angeboten Vorschläge zu machen, das zu ändern.

Der Körper in Aktion

Mit der Aktion wird die Inkarnation der Botschaft zur Aufgabe der Public Relations. Das Fleisch Gewordene paßt sich den Regeln der Botschaft an. Der Körper im Auftritt ist nicht mehr nur er selbst (»authentisch«, habituell), er steht (situativ) für etwas anderes. Dieses andere sind Markenwerte, Vision, die Mission, Veränderungsziele.[53] Sie definieren die Rolle. Habituelles und Rolle müssen abgestimmt werden, damit der Körperausdruck als stimmig zur Botschaft erlebt wird.[54]

Der Körper des Klienten ist ein heikles Feld. Deutsche Public Relations halten sich klug zurück, denn öffentlichen Personen hat Beratung zu

Körperausdruck und Fotos nicht immer gutgetan. Der Durchschnittstyp Minister, dem die große Geste empfohlen wurde und der mit Fotos seines fast unbekleideten Körpers beim Bad im Swimmingpool die Öffentlichkeit überraschte, hat die Branche ins Nachdenken gebracht und sich leider abermals auf die Sachlichkeit zurückgezogen.[55] Körperausdruck sollte tatsächlich nur mit Vorsicht Gegenstand des Auftritts werden. Die gelungene Aktion verlangt stimmigen Körperausdruck in der Rolle. Allerdings ist der Körperausdruck, anders als im Theater, nicht Entführung in Welten und kathartisches Mittel, sondern unterstützt die Managementaufgabe in Politik und Wirtschaft.

Wir stehen im Affront zu einer Mode des Rhetoriktrainings. »Körpersprache« war ein gewaltiger Markt der achtziger und neunziger Jahre: »Der Körper lügt nicht«. Dieses Klischee müssen wir sogleich einschränken in: Alle Bewegungen und Haltungen, die wirkliches Gefühl und Meinen ausdrücken, lügen nicht. Kurz gesagt: Alles Authentische lügt nicht. Dieser Satz nun wieder ist trivial. Solche Sätze stützen den Markt »Körpersprache«, der nun alles andere als den wirklichen Ausdruck unterstützt. Kaum etwas ist so leicht und ohne Veränderung des Kerns der Persönlichkeit zu manipulieren wie die Geste, leichter als in freier Formulierung und leichter als im Stimmausdruck.

Ausdruckskunde gibt es seit Jahrhunderten. Das Feld der Physiognomik ist etwa zweihundert Jahre alt. Männer wie Lavater, Helmholtz oder Lichtenberg waren die ersten, die sich daranwagten. Neuere Untersuchungen allerdings mußten erkennen, daß die Hoffnungen der Psychologie »an die psychodiagnostische Aussagekraft des mimischen und gestischen Verhaltens von den empirischen Daten nicht bestätigt wurden«.[56] Wer solche Ergebnisse für seine Praxis verwerten will, steht auf Glatteis. Inwieweit läßt sich Körper-»Sprache« in Kategorien durchdeklinieren? Der Deskription soll die Präskription folgen, zumal das Ganze lehrbar werden soll. Aber damit wird Körperausdruck nicht überzeugend formbar. Immer wieder wird deshalb eine Alphabetisierung[57] versucht, aber wo empirische Belege fehlen, schießt die Vermutung ins Kraut. Alle Grammatiken des Körpers sind in platten Deutungsversuchen versickert. Wer Handfestes sagen will, nimmt sofort den Makel des Ratgebers an: Diese oder jene Bewegung könnte dieses oder jenes bedeuten, es könnte auch anders sein. Selbstverständlich ist Körperausdruck beobachtbar. Der Gang, die Haltung, die Bewegung der Gliedmaßen und der Muskeln des Gesichtes geben Anlaß zu Deutung, sie drücken etwas aus. »Körpersprache« ist am Ende nicht mehr als Körperausdruck. Ein gewaltiger Unterschied, denn ein Tier drückt etwas aus und hat doch keine Sprache. Der Nimbus der »Körpersprache« verflüchtigt sich bei näherem Hinsehen.

Auf dem Weg vom Produkt zur Aktion bleibt für den Körperausdruck nur die Makroebene von Gang, Auftritt, Abgang und Stand. Auf der Mikroebene von Mimik, erhobenen oder faustballenden Händen ist Körperausdruck nicht einzustudieren – anders als es bei einigen Politikern geschieht.[58] Der auftretende Klient braucht hier eine Konvergenz aus Inhalt und Form, aus Stimmigkeit von Sprach- und Sprechstil einerseits und Mimik und Gestik anderseits. Das hat er allerdings, wenn das Konzept (*dispositio*) ausgereift und die Prozedur tauglich sind (i.d.R. Stichwörter), und dann sind Mimik und Gestik kein Thema mehr. Erst wenn sich die Aktion vollständig aus der Kommunikationsstrategie ergibt, ist der Körper als Baustein des Auftritts sinnvoll und gelungen.

Die Kommunikationsberatung kann auf dem Weg vom Produkt zur Aktion von den Strategieberatern lernen. Sie führen die Klienten buchstäblich nach Indien, um indisches Geschäft aufzubauen. Das leistet weder eine Studie noch eine Chart-Präsentation.[59] Und wo die PR-Branche den Weg vom Produkt zur Aktion geht, lernt sie sogar von den Klienten. Unternehmen, die sich zum Vertrieb hin bewegen, haben den Beratern vorgemacht, wohin sich erfolgreiche Ansprache bewegen muß. Dazu genügen Produkte nie; dazu ist die Aktion geeigneter als jedes Produkt.

2
Der Ursprung der Publizistik in der Rhetorik

Lasswell-Formeln. Die getilgte Wirkungsabsicht

Treten wir einige Schritte zurück, um einige Quellen der Public Relations deutlicher sehen zu können. Auf den ersten Blick deutet nichts auf die alte Rhetorik hin.[1] Aber das war nicht immer so. Bis ins 18. Jahrhundert noch war Rhetorik selbstverständliche Grundlage professionellen Schreibens und Sprechens. Aber warum ist das Wissen der alten Rhetorik, nicht nur der Publizistik, verloren gegangen? Zu erkennen sind drei Gründe:

1. Rhetorische oder hörerorientierte Methoden scheinen nicht nötig, wenn Sachverhalte oder Auftritte sich selbst genug sind. Ein deutsches Lehrbuch von 1723 bringt es auf den Punkt:

> Denn wer wohl reden will, muß vorher wohl gedencken; sintemal die äußere Rede nichts anderes ist als ein Ausdruck der Gedancken. Die Gedancken aber sind nichts anders als eine verborgene Rede des Gemüths. Darum wer wohl gedencken kann, der gelanget auch leicht zum wohlreden.

In der Aufklärung fiel das Korsett der Regel. Gottsched etwa hielt vier der fünf Stufen der antiken Redevorbereitung für überflüssig. »Hat der Redner erst einmal erkannt, was wahr ist, so kann es ihm unmöglich schwerfallen, die Beweise zu erfinden«.[2] Wer etwas zu sagen hat, der wird schon die rechten Wörter finden. Dahinter steht – auch – christliche Tradition: Es wird dir eingegeben werden. Hier liegt eine Ursache für die heutige Ansicht, ohne Vorbereitung zu reden sei ein Wert an sich.

2. Nur kurze Zeit später wurde das Vergessen rhetorischen Handwerks unterstützt durch Autoren, die sich der Idee des »Genies« verschrieben haben. Gegen jede Regeln, nur aus sich selbst heraus sollte geredet und geschrieben werden. Während »erfinden« (rhetorisch: *inventio*) noch das methodisch geleitete Auffinden war (rhetorisch: *topik*), wird dies nun zur Leistung einer regellosen Phantasie.

3. Seit 1968 geraten Regeln in Westeuropa abermals in Verruf. »Spontanietät« wird zum ideologischen Gebot, Methode gilt als verpönt und selbst das Ergebnis tritt in den Hintergrund.[3] Die Folgen an den Schulen und die Sprechkultur der Bühne sind fatal. Daß Sprachunterricht in Deutschland fast nur Schreibunterricht ist, erweist sich für die Redekultur als zusätzlich erschwerend. Publizisten rekrutieren sich zu einem großen Teil aus dieser deutschen Tradition der Geisteswissenschaften. Wenn jemand einen Magistertitel in Germanistik erwerben kann, ohne die deutsche Grammatik und Stilistik zu beherrschen, wenn jemand »Redetrainer« oder »Mediencoach« sein kann, ohne die Methoden der Rhetorik zu kennen, dann ordnet sich das ein. Strategie, Messaging, »Q and A« und Issues Management sind teils umsonst, wenn die Rede des Auftretenden am Ende nicht damit verzahnt ist.

Verlorengegangen auf diesem Weg der Einschränkung auf »Information« sind zwei Aspekte: Wirkungsabsicht und Sprechsituation. Dabei wäre besonders am Punkt der Wirkungsabsicht zu sehen, daß strategische PR auf Überzeugungsziele hinarbeiten. Die kann man nur rhetorisch nennen. Strategie hat überhaupt nur Sinn als Planung von Persuasion. »Strategische PR« sind zugleich rhetorische.

Der zweite Blick zeigt:[4] Die Seitenblicke auf die jeweils andere Disziplin sind spärlich. Ein, wenn nicht *der* Fundort der Verwandtschaft sind die vielfach tradierten Formeln des Politikwissenschaftlers und Soziologen Harold D. Lasswell. Er hatte 1947 in einem Vortrag ein heuristisches Frageschema verwendet, das die Publizistik aufnahm. Es wurden mehrere Formeln, deren Populärste ist: »Who says what, in which channel, to whom, with what effect?«[5] Lasswells Formeln hatten noch ganz entschieden den Hörer im Blick und waren explizit rhetorisch.[6] Das Medium – heute in der Publizistik immer mitgedacht – ist dabei untergeordnet und kommt nicht einmal in allen Ausprägungen vor, die Lasswell selbst formuliert hat.[7] Heute wird wie selbstverständlich das Medium selbst in die Reihe der Faktoren eingeschlossen: »Kommunikator, Aussage, Medium, Rezipient«.[8] Das wieder ist ersichtlich eine Abwandlung des Schemas. Die Lasswellsche Wirkungsabsicht (*»effect«*) ist in der Entwicklung der Publizistik getilgt, zu sehen am Vergleich von (letztlich rhetorischer) Lasswell-Formel und der übrig gebliebenen verkürzten publizistischen news-Formel: »Wer, Was, Wann? Wo? Wie? Warum?«[9] Der rhetorischen oder »hörerwirksamen« Historie ist sich die moderne deutschsprachige Publizistik nicht bewußt, obwohl spätestens mit den audiovisuellen Medien schriftliches Informieren nicht mehr ihre alleinige Aufgabe ist. Äußerungen der Public Relations zielen auf Zustimmung; ihre Prozedur ist Überzeugen; in der Formulierung des Aristoteles:[10]

> Es basiert nämlich die Rede auf dreierlei: dem Redner, dem Gegenstand, über den er redet, sowie jemandem, zu dem er redet, und seine Absicht zielt auf diesen – ich meine den Zuhörer.

Daß diese Wirkungsabsicht verschüttet ist, ist Ergebnis auch einer »Ideologie der Sachlichkeit und Nichtpersönlichkeit«.[11] Die Wirkung auf den Hörer wird geopfert auf dem Altar der Objektivität der Nachricht. Es fehlt die Antwort auf die Frage, in welchen Situationen die publizistisch Agierenden auftreten – Beratungsprodukt und Text haben keine Sprech-Rolle.

Der rhetorische Praxisbezug der Public Relations wird gelegentlich denunziert. »PR-Leute und Politiker, aber auch viele Medienschaffende, handeln erfolgreich nach dem Motto: Wahr ist, was wahr wirkt – Hauptsache, es bringt den gewünschten Effekt!«[12] Was sich wie eine Klage über einen verkommenen Journalismus liest, spricht nur aus, daß auch die Schwester der Publizistik, die Journalistik, immer schon rhetorisch war. Die Kunst der Public Relations ist nur der dialektische Widerpart der journalistischen Rhetorik, die auf Publikumsüberzeugung aus ist. Dies mit dem Verweis auf einen idealen Journalismus zu denunzieren, erweist sich vor dem Hintergrund der Medienpraxis als akademisch. Die Beziehung aus Publizistik und Rhetorik findet sich inzwischen in Begriffen und Programmen wie »Medienrhetorik«,[13] »Rhetorik der Massenmedien«[14] oder »Journalismus ist professionelle Medienrhetorik«.[15] »Die Publizistik ist eine angewandte Kommunikationswissenschaft«[16] – wie auch die Rhetorik. Nur hat sich die eine aus der anderen entwickelt:

1. Die Gründerväter der Publizistik, Männer wie Emil Dovifat,[17] waren Rhetoriker reinsten Wassers. Für sie wäre unvorstellbar gewesen, daß – wie heute – eine Tochter der Publizistik wie die PR das rhetorische Handwerk nicht kennt.

2. Die Publizistik der Flugblätter und Sendschriften war in ihren Anfängen wesentlich rhetorisch. Sie waren auf Wirkung aus, nah an der »Zielgruppe«, zielgerichtet und in mündlicher Sprache.

3. Die Publizistik bezog ihre Methoden wesentlich aus den alten Rhetoriken, der Predigtlehre und des Briefschreibens, der Epistolographie.

28 Rhetorik und Public Relations

4. Die Theorie der Massenmedien wäre nicht so weit ausgearbeitet ohne ihre Wurzeln in der Rhetorik; sie war in den USA zunächst eine »new rhetoric«. Insofern ist die Rhetorik auch eine frühe Medientheorie.[18]

Es lohnt sich, die Reste der alten Rhetorik in publizistischen Kriterien aufzuspüren. Die wesentlichsten und vor allem im Nachrichtenjournalismus aufzufindenden Kriterien sind:
– Aktualität (Situationsaspekt)
– Nachprüfbarkeit (Überzeugungsaspekt)
– Periodizität (Wiederholungsaspekt).

Auch das scheinen zunächst nur Eigenarten wertfreier Informationen zu sein. Überzeugen aber ist nicht über Informationen allein zu leisten; sie müssen attraktiv gemacht werden. Das verlangt, Aussagen plausibel zu machen, was nicht abzukoppeln ist von Variablen, die außerhalb von Botschaft und Redendem liegen: »Wer kann (soll, darf, muß) zu wem worüber was wie und warum (nicht) sprechen?«[19] Die heutigen publizistischen »Ws« sind schon deswegen nicht ausreichend, weil sie nur von eigenen Interessen ausgehen, aber noch nicht auf bestimmte Sprechsituationen hin denken. Wenn Handeln und Überzeugungen auf der anderen Seite berührt und verändert werden sollen, muß man das Spektrum der Fragen erweitern: wozu (welches Handeln wollen wir erreichen)?, auf welche Weise (direkt oder medial)? und für wen (in wessen Auftrag)?[20]

In einer zweiten Reihe publizistischer Kriterien stehen etwa: Nähe, Nutzen und Relevanz. Der »Nutzenansatz«[21] etwa findet sich in der Publizistik im Rundfunkjournalismus, etwa im Moderieren. Das hier Hörerwirksame schafft (a) die Vorsortierung, (b) die Anordnung, (c) die verbale und paraverbale Einordnung der Inhalte und (d) die Auswahl: Der Rundfunk-Moderator z.B. präsentiert bestimmte Wirklichkeitsausschnitte, andere wiederum klammert er aus, wenn sie seinem Ziel nicht nützen.

Die Praxis der beiden Töchter der Publizistik – Journalistik und PR – hat das Raster inzwischen erweitert. Es kommen Kriterien hinzu, die nun gar nicht mehr originär publizistische sind, sondern neuerlich wieder rhetorische:
– Diskontinuierliches (Abweichendes, rhetorisch in den Sprachformen des Tropos),
– Konfliktäres (Strittiges, Issues),
– Unerwartetes (Dramatisches/Inszeniertes: Skandale, Tragödien scheiternder Repräsentanten und Unternehmen).

Medien treiben diesen Prozeß; sie sind inzwischen eminent rhetorisch. Ihr Infotainment ist die konsequente Fortsetzung des antiken Erbauens und Unterhaltens *(delectare)*, das immer schon Teil rhetorischer Äußerung war. Das Infotainmant ist die konsequente Fortsetzung des alten Belehrens *(docere)*. Das »Informieren« allein ist dagegen nirgendwo anzutreffen, jedenfalls nicht an Orten, an denen es auf den Eindruck ankommt.

Die Publizistik ist auch dort rhetorisch, wo sie es nicht weiß. Der aristotelische Satz: »Ziel ist der Hörer«, heißt in moderner Ausprägung: »...man formuliert stets kommunikative Botschaften auf eine Zielgruppe hin.«[22] Den Hörer kennen – das alberne Wort Zielgruppe vermeide ich – das heißt:
– Vorerfahrungen bedenken,
– Sachwissen einschätzen,
– Emotionen voraussehen können.

Die Publizistik bewegt sich neuerlich wieder auf die Rhetorik zu, weil sie versteht: Wer nur »Informationen« anbietet, wird zum Überzeugen nicht beitragen können. Sach-Argumente versagen, wo es dem Publikum um kategorische, nicht selten ideologische Fragen geht wie: Kann man auf die Wirtschaft bauen, wenn es um unsere Zukunft geht? Oder: Kann man den Managern trauen? Es gilt die Schuldvermutung, und die rhetorische Rechtfertigung wird zur publizistischen Praxis. Besonders in der wirtschaftlichen Krise ist die rhetorische Herausforderung weniger die Information als die Rechtfertigungsäußerung ihrer Repräsentanten. Medien nutzen das; »sich rechtfertigen« ist ein Slogan des Wirtschaftsfernsehens, und der Sender »n-tv« wirbt mit dieser rhetorischen Funktion, während die Bildstrecke einige Vorstände im Interview zeigt. Hinter der Arbeit an der Attraktivität ist das standesethisch deklarierte Informieren der Publizistik verschwunden, und sie selbst ist zur Rhetorik zurückgekehrt.

Leadsatz gegen Zielsatz. Die Bauformen von Nachricht und Botschaft

Rhetorik und Publizistik kollidieren an der Binnenstruktur der Äußerung selbst. Aufbau und Sprachstil von Presseverlautbarungen gelten weiten Teilen der PR als Paradigma auch für mündliche Aussagen der Klienten. Das aber könnten Denkstile sein, die allenfalls zum Informieren geeignet sind, weniger zum Überzeugen. Das muß die Botschaft leisten. Die Differenz aus Nachricht und Botschaft hat Konsequenzen für die Redeplanung,[23] denn die jeweilige Bauform entscheidet darüber, ob die Äußerung an den Hörer angeschlossen ist und auf ein Ziel führt. Erst dann nämlich wäre der Lasswellsche »effekt« angesprochen. Dieser hat die besten Chancen, wenn vor dem Appell die Abholung und Begründung folgt. So ist die publizistisch tradierte Nachricht gerade nicht aufgebaut. Praktische Public Relations-Ratgeber bekennen sich meist implizit zu diesem Leadsatz-Prinzip oder setzen dies implizit voraus: Das Wichtigste im ersten Satz! Das bedeutet: Am Beginn der Äußerung steht der alles leitende Kern (»to lead«). Ein Beispiel für diesen ersten Satz:

> Frankfurt. Die xy Bank hat ihr operatives Ergebnis deutlich verbessert. Das Ergebnis der gewöhnlichen Geschäftstätigkeit beträgt plus ... xy Millionen Euro. Operativ ist damit der Turnaround geschafft ...

Dieses Prinzip des kontextlosen Informierens beginnt mit dem Kern der Sache:

Hauptinformation pauschal	Gegenwart en bloc
Einzelheiten	Gegenwart en detail
Hintergründe	Vergangenheit
Folgen der news	Zukunft en detail
Weitere Entwicklung pauschal	Zukunft en bloc[24]

Nicht nur alle *news* im weiteren Sinne verfolgen dieses Prinzip, auch wissenschaftliche Arbeiten, das Informieren über Studienergebnisse der Strategieberater etwa (»management summary«), die Urteilsverkündung bei Gericht, die keines Anschlusses bedarf und niemanden mehr überzeugen muß, weil der Prozeß abgeschlossen ist. Die Bauform ist die der Pyramide (Seite 31).[25]

Dahinter steht das Prinzip »Climax first«[26], das im amerikanischen Bürgerkrieg etabliert wurde. Die Bauform der Nachricht kommt also nicht aus der Publizistik, sondern aus der militärischen Nachrichtenübermittlung: Das Wichtigste mußte sofort gesagt sein, bevor die Leitung zusammenbricht oder abgehört werden kann (»Angriff 5 Uhr!«). Der Beginn der Nachricht war entscheidend. In der weiteren Verwendung der Telegrafie kamen Zeitnot und Kosten hinzu. Die Publizistik hat dieses Prinzip für *hard news* übernommen, und bald wurde es das Paradigma für Informationsjournalismus schlechthin. In der Journalistik wird es hochgehalten, weil es die Wirkung auf den Hörer oder Leser aus der Sache heraushält. Dieses Prinzip blieb in den Zeiten der Telegrafie das Einzige,

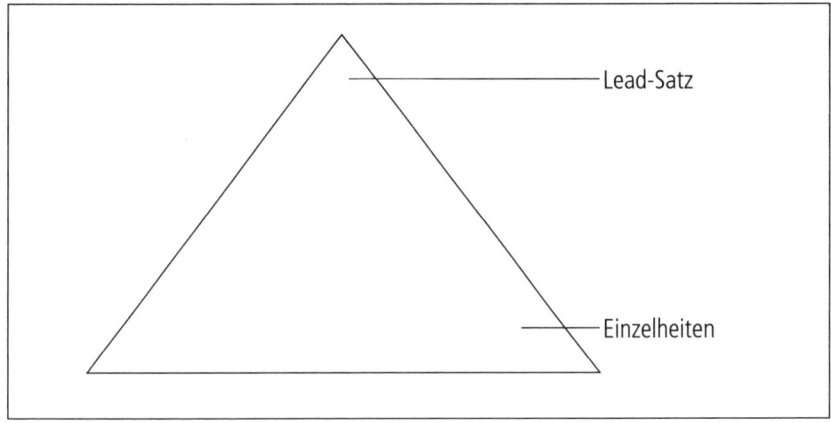

und es gewinnt wieder an Boden in den Zeiten der sprachreduzierten und -ökonomischen E-Mail. Allerdings nur für bloßes Informieren.

Das publizistische Kardinalargument für das Leadsatz-Prinzip ist Wichtigkeit oder Bedeutung. Aber für wen bedeutend? Für die Bundesregierung? Für den Absender? Für die Agenturen, die die Meldung verbreiten? Für die Lage der Nation? Wir müssen uns nur Bilder von Staatsempfängen vorstellen, mit denen das Publikum öffentlich-rechtlicher Sender traktiert wird. Deshalb versucht die Journalistik neuerdings, öffentliches und menschliches Interesse zu unterscheiden. Wichtigkeit der Sache allein ist keine rhetorische Kategorie, weil sie zu wenig vom Hörer her denkt und zu wenig den Hörer führt. Das Leadsatz-Prinzip schließt nicht am Vorausurteil des Hörers an.

Für die Nachricht wird ein »*primacy-effect*« angenommen. Der Kern der Sache, der Standpunkt wirkt am Anfang der Äußerung.[27] Es ist aber nur an wenigen Situationen zu sehen, daß sich Hörer für Inhalte interessieren, die nicht an ihre Erfahrung anschließt. Allenfalls die »hard news« verträgt das. Nicht einmal solche Überlegungen haben bisher das Leadsatz-Prinzip ins Wanken gebracht. Daß ausgerechnet die überzeugungsinteressierte Unternehmenskommunikation noch an einem lediglich »informierenden« Prinzip hängt, erklärt mindestens die Unanhörbarkeit vieler Statements, von ehemaligen Journalisten vorbereitet, die nichts außer dem Leadsatz-Prinzip kennen.

Die Wirkung des unvermittelten Affronts durch den Kern der Sache ist begrenzt. Gegenteilige Vorausurteile durch bloße Gegen-»Information« zu attackieren ist wenig erfolgreich. Eher werden Ansichten verfestigt, sobald sie nicht angesprochen werden. Die Nachricht, die den

»primacy effect« stillschweigend unterstellt, ist nur die nur die erste von zwei Möglichkeiten, mit dem Hörer umzugehen:

1. Das bestehende Vorausurteil wird ignoriert. Parallel wird ein neues Urteil behauptet. Das Alte soll das Neue dominieren.
2. Das alte Vorausurteil wird als Anker angesprochen. Daraufhin wird in stringenten Schritten die Zielaussage hergeleitet. Das Neue dient als Schlußsatz.[28]

Hinter der ersten Variante steht eine Verwechslung von Eindruck einerseits und Argumentationswirkung andererseits. Eindrücke scheinen in der Tat auf den Anfang fixiert zu sein. Überzeugungen, die aus sprachlichen Argumentationen entstehen und durch diese wenigstens modifiziert werden, brauchen Anknüpfung und Herleitung. Die erstgenannten Aussagen werden jeweils zur Grundlage für die folgenden.[29] Spätere Aussagen werden schon deshalb bedeutsamer, weil sie die Chance ihrer Herleitung nutzen. Das spricht gegen das Leadsatz-Prinzip.

Während Teile der PR der Dogmatik der Pyramide blind folgen, denken andere um. An manchen Stellen der Praxis erscheint schon die umgekehrte rhetorische Bauform der Botschaft: »Sie können den Interviewverlauf beeinflussen, indem Sie das Wichtigste im jeweils letzten Satz sagen. Am letzten Satz wird häufig angeknüpft, um die nächste Frage zu stellen.«[30] Aber auch schon im praktischen Journalismus herrschen rhetorische Prinzipien vor, etwa in der Moderation von Fernsehmagazinen: A. Aufhänger, B. Begründung, C. Centrieren, D. Durchführen und E. Endsatz.[31] Das Ziel ist die Unterstützung der rhetorischen Wirkung durch die Anordnung der Inhalte. Selbst in Nachrichten wird das Leadsatz-Prinzip der Nachricht immer häufiger aufgebrochen.[32] Dies bedeutet, daß nicht der alles leitende Kern der Aussage im ersten Satz liegen muß. Selbst in der Journalistik ist also die Bauform[33] der Nachricht nicht mehr *non plus ultra*.

Für den Printjournalismus mag das Prinzip des spitzen Drauflos angehen, doch für das Hören erscheint es strittig. Vergleicht man die Bauform der Nachricht mit der einer überzeugenden Rede, dann wäre diese »stumpf«. Das Leadsatz-Prinzip ist deshalb nicht einmal in jeder Nachricht angebracht, allenfalls in »hard news«, »wenn sein Inhalt so interessant ist, daß er keinen Anschluß braucht (Gebrauchsanleitungen für Feuerlöscher, wenn es brennt; Nachrichten über Steuersenkungen oder einen Mord im Nachbarhaus).«[34]

Die »harte« Pyramide benötigt nichts, das einlädt. Sie muß nicht überzeugen. So aufgebaute Inhalte werden weder am Publikum angeschlossen noch begründet noch stringent geführt. Paradigma ist abermals der Text. Das Nachrichtenprinzip mit der »News« im ersten Satz ist für die Leser von Zeitungen entwickelt worden. Zu kritisieren ist diese Bauform für mündliche Äußerungen. Aber selbst Print-Texte werden oft genug zugespitzt auf einen Punkt. Nicht denkbar ohne dieses Prinzip wären weder Kleistsche Anekdoten noch heutige Kabinettstückchen der publizistischen Stilistik wie »Post von Wagner« (»Bild-Zeitung«).

Die Botschaft ist mehr als die Information. »Botschaft« bezeichnet die grundsätzliche Argumentation, mit der ein Unternehmen bestimmte Reaktionen bei den Mitgliedern seiner Zielgruppe hervorzurufen versucht, um dadurch bestimmte Kommunikationsziele und schlußendlich Unternehmensziele zu erreichen.«[35] Eine Botschaft ist nicht »Kommunikationsinhalt«, sondern immer erst dann eine solche, wenn sie ankommt, wirkt und die Durchsetzung von Geltungsansprüchen gelingt. Dieser so zentrale Begriff bleibt dennoch merkwürdig unklar. In manchen Konzepten sind Botschaften schlicht gleich Argumente. In anderen Fällen hat schon der Beginn der Äußerung eine »Einstiegs-Botschaft«. Dahinter steht wieder nur die Nachricht, die das Wichtigste zuerst sagt. In Reden des Managements etwa wäre das nicht wirkungsvoll, nicht einmal in kleineren Gesellschaftsreden.[36] Die Bauform der Nachricht kollidiert mit dem, was wir über die rhetorische Pointierung wissen. Immer wieder wird vermißt, daß der Redende »auf den Punkt kommt«. Schon deshalb reicht die bloß faktische Mitteilung als Antwort auf Pressekonferenzen, Hauptversammlungen und Analystenmeetings nicht aus. Die Nachricht ist sich selbst genug, und dem journalistischen Fragenkatalog fehlt der Anschluß. Erst ein achtes publizistisches »W« macht die Nachricht zur Botschaft: »Was bedeutet das?«.[37]

Im Überzeugen gilt im Allgemeinen der »recency-effect«, die Erfahrung, daß sich die Wirkung auf ein Ziel hin aufbaut: Das zuletzt Aufgenommene wirkt am stärksten. Die Überzeugungswirkung ist größer, wenn vorab abgeholt und argumentiert wurde und erst dann der Standpunkt ausgesprochen wird. Die Wirkungsforschung sagt zudem: Gleich, welches Argument vorgetragen wird, es wirkt stärker als die vorhergehenden.[38] Das legt nahe, auf den Schluß hin anzuordnen. Hinzu kommen praktisch Erfahrungen aus der Event- und Marketingkommunikation. Erst der »Clean Exit«[39] bürgt für die Wirkung. Dies ist der Redeschluß (*peroratio*) der alten Rhetorik, die auf Hörerwirkung zielt.

Die Bauform der Botschaft ist zielgerichtet. Ich nenne das im Anschluß an Hellmut Geißner und im Affront gegen das ideologische Neutralitätsgebot der Publizistik »Rhetorisch Anordnen«.[40] Dies stellt »grundsätzliche Sukzessivität«[41] von Sprechdenken und Hörverstehen in Rechnung, die –

anders als hard news – nicht »mit der Tür ins Haus« fällt. Eine nun umgekehrte Pyramide geht vom Anschluß über Argumente oder Narration zu einer Art Ziel-Satz. Sie öffnet am Anfang weit, um viele Vor-Einstellungen der Hörer ansprechen zu können, und sie endet spitz zulaufend. Dies ist die Bauform der rhetorischen Botschaft.[42] Die Nachricht schließt nicht an und spitzt nicht zu, die Botschaft wohl:

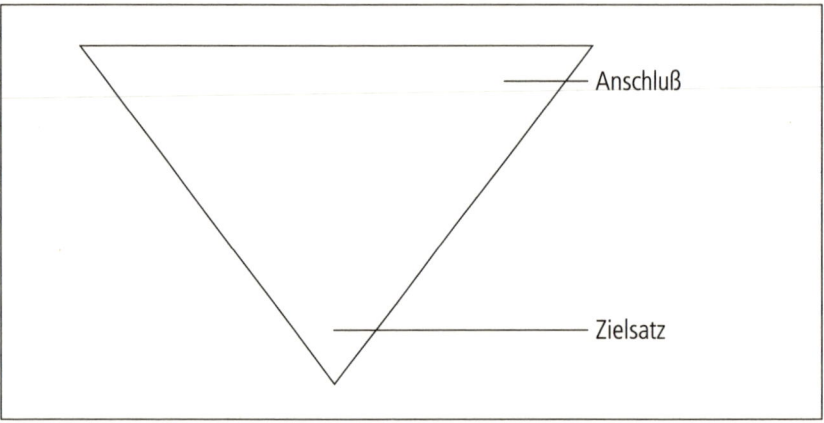

Trotzdem die Informations-Pyramide aus der Kriegskunst kommt, mußte erst ein hochrangiger Militär in einer Wirtschaftszeitschrift auf das umgekehrte rhetorische Prinzip hinweisen:

> Leider gehört es zum Konferenzalltag, daß viele Manager wortreich Stellung beziehen, ohne sich auf das Wesentliche zu konzentrieren. Offizieren passiert das selten, weil sie einen Dreiklang verinnerlicht haben. Erstens: Sie beschreiben kurz und verständlich den Sachverhalt. Zweitens: Sie bewerten ihn und nennen Lösungen des Problems. Und drittens: Sie geben eine persönliche Empfehlung, wie jetzt am besten vorgegangen werden soll.[43]

Das Ziel ist der rhetorische Appell, der »Dreiklang« ist bloß seine Grundform. Die militärische Reduzierung in Ehren, aber es sind aus verschiedenen Gründen eher fünf Teile, die hörerwirksam sind. Methodisch umgesetzt ist das im »Fünfsatz«,[44] einer Reihe von Strukturformen für Statements, die immer auf ein Ziel hin aufbauen. Dies ist inzwischen ein Prinzip der Redelehre, das aber der PR nur wenig bekannt ist und in der Rhetorik-Ratgeberliteratur allenfalls als Plagiat vorkommt.[45] Sein praktisches Vorgehen heißt, zwar als erstes den Schlußsatz zu planen, diesen aber zuletzt anzuordnen, im Sinne eines »Finalitätsprinzipes«.[46] Der »Landepunkt«[47] wird zuerst, danach erst die weiteren Gedankenschritte der Äußerung geplant. Erst so werden Dogmen des Nachrichten-Journalismus nicht länger auf die Gegenseite PR übertragen, erst so wird für das strategische Ziel der Äußerung argumentiert, und erst so das Publikum vor dem Kern der Sache einbezogen. Nicht das Pyramiden-Prinzip der Nachricht, sondern das umgekehrte Zielsatz-Prinzip der Botschaft wird zur *ultima ratio*: Anschluß – Beweise/Beispiele/Bilder – Zielsatz.[48]

Anschlußfähigkeit. Die Wiederentdeckung des Gemeinplatzes

»Bauernregeln für Führungskräfte«,[49] ein Titel des Wirtschaftsbuchmarktes verrät das wiederentdeckte Gespür für Massenbeeinflussung. Bauernregeln sind nun der Prototyp des Gemeinplatzes. Der »Gemeinplatz« ist der Ort, auf dem man sich sprachlich trifft. Ohne Integration kein Verstehen, ohne Anschluß kein Überzeugen. Allerdings schrecken allzu allgemeine »Allgemeinplätze« zurecht ab; der Gemeinplatz taugt nur als Anschluß.[50] Deshalb kann das Gemeinsame nur der Ausgang sein, der »Anker«[51], von dem aus das Neue in der Äußerung entwickelt wird und wovon überzeugt werden soll.

Der Verlust an Selbstverständlichkeiten führt zu einer Not der Orientierung.[52] Jeder, der zuhört, möchte etwas hören, das sein Leben betrifft. Wir verlangen nach Relevanz für unser Denken, Fühlen und Handeln. Rhetorik gibt mit diesem Gemein-Machen Orientierung. Die angelsächsische, »rhetorischere« Kultur kennt dafür »common place« und »common ground«.

Im deutschen Sprachraum greifen das allenfalls populäre Rhetoriken auf, indem sie explizit zur Ansprache des den Hörern Gemeinsamen raten: »EMMA«: Erwartung – Mentalität – Motivation – Aufnahmefähigkeit.[53] Ein Beispiel: Weniger Probleme des Sprechstiles bringen den Antwortenden zu Fall als die Mißachtung der Publikumssituation. Ein später unterlegener deutscher Kanzlerkandidat antwortete in einem TV-Duell, als er auf seine Frau und die Politik angesprochen wurde, Politik sei nicht ihre Sache. Das ließ sich nicht an das Publikum anschließen. Politik muß unbedingt Frauensache sein, das war dagegen der Gemeinplatz, an den die Antwort hätte angeschlossen sein sollen.

Der Gemeinplatz ist nötig. Hilfe beim »Sich-Gemein-Machen« verlangt der Klient, spätestens, seit Zugang (»access«) zum Schlüsselwort unternehmerischen Handelns geworden ist. Public Relations als »public speaking« kann diese Orientierungen für die Ansprache auffinden, die Emotion des anderen erreichen,[54] und bei Bedenken, Ängsten und Sorgen, Erfahrungen und Wünschen abholen. Dies wird in der Massenkommunikation existenziell.[55] »Der kategorische Imperativ des Medienzeitalters lautet also: Kommuniziere so, daß andere anschließen können.«[56] In vielen von der PR initiierten Statements sucht man trotzdem den Anschluß vergebens. Das Leadsatz-Prinzip der Nachricht sieht ihn nicht vor.

Der Anschluß gelingt nicht immer. Manche Aussage läßt sich nicht anschließen, und sei sie noch so wahr. Als in einer Umfrage Vorstandsvorsitzende deutscher Großunternehmen nach Anlageerfahrungen gefragt wurden, gab ein CEO an: »Ich habe bei Aktien einen langen Atem und noch nie Geld verloren.«[57] Das mag so sein, nehmen wir also an, das ist eine Wahrheit. Wahrscheinlich ist sie nicht; sie wird nicht geglaubt. Die Aussage läßt sich nicht anschließen an die Erfahrung der Kommunikationspartner. Deshalb sind solche Wahrheiten untauglich für überzeugende Kommunikation – wenn die Möglichkeit ihrer Herleitung fehlt.[58] Selbst für wahre Aussagen wird Anschlußfähigkeit zur notwendigen Voraussetzung ihrer Akzeptanz. Dokumente fehlender Anschlußfähigkeit finden sich in der Öffentlichkeitsarbeit zuhauf. Eine der krassesten ist immer wieder der Streit zwischen Ärzteverbänden und Gesundheitspolitikern. Ein Verbandspräsident hatte einmal mit einer »Totalblockade« des Gesundheitswesens gedroht. Diejenigen, die erreicht werden sollten, sind brüskiert. Als schließlich auf dem Höhepunkt der Krise ein Ärzteverband beleidigt vorschlägt, nur noch medizinisch Notwendiges zu tun, fragt sich die »Zielgruppe«: Was tun die sonst?

Ein Mittel gegen solche Brüskierungen des Publikums, ist die Meinungsbefragung (»polling«), ohne die PR heute nicht mehr professionell machbar ist. Denn ohne Kenntnis des Publikumbefindens und -vorwissens läuft hörerorientierte Ansprache leer. Damit wird das rhetorische Prinzip in den Public Relations sichtbar, und Hörerwirksamkeit wird praktisch am Beginn der Botschaft. Dem Zielsatz (»Kernbotschaft«) muß die Abholung vorausgehen.

Angeschlossen wird in der Rhetorik an zu erwartende innere Faktoren: Erfahrungen, Aversionen, Wünsche, Hoffnungen, Befürchtungen und Werbebotschaften. Für Politiker sind solche Methoden des Anschlusses existenziell: Um es provokant zu sagen: Von Helmut Kohl lernen hieß für seine Nachfolger siegen lernen, von dem, der alles und jedes auf »gemeine« Anschlüsse heruntergebrochen hatte (»Politik ist wie Familie.« »Politik umsetzen ist wie Kartoffeln essen«). Wer näher hinsieht, entdeckt das rhetorische Erfolgsgeheimnis des massenhaften Anschlusses. Und, wer will, auch zugleich dessen ethische Grenze.

Publizistische Praxis setzt den Anschluß längst um, während die Theorie kaum nachkommt. Selbst Informationsjournalisten wissen: Der

Mehrwert (»added Value«) der Story ist ihre Anschlußchance. »Only bad news is good news«. Diese Aussage – auch ein Gemeinplatz nebenbei – hat weniger mit dem Spektakulären schlechter Nachrichten zu tun. Gute Nachrichten sind weniger gut anschließbar als schlechte Nachrichten. Journalisten berichten nicht, was geschieht, sondern, was an andere anknüpfbar ist. Wenn der Gemeinplatz sogar in der Nachricht seinen Platz haben kann, gehört er in die Botschaft existenziell, wenn auch meist nur implizit. Für die PR mündet das in die Frage, wie die Botschaft an allgemeine Diskussionsgrundlagen (»issues«) angeschlossen werden kann.

Für die Äußerung selbst bieten sich die alten rhetorische Mittel der *loci communis* an, die Integration der Hörererfahrungen in die Rede/Äußerung selbst. Die *loci* sind auch Inhaltspunkte als Basis eines Ordnungssystems. In den antiken Redeschulen wurden sie zu bestimmten Redegegenständen – etwa besonders häufigen juristischen Fragen – die nun jederzeit für unterschiedliche konkrete Fragen zur Verfügung standen – weil sie gemein bekannt sind. Präskriptiv gewendet heißt das: »Gemeint« sein müssen Werte, die die Hörer oder Zuschauer anerkennen: Lebensdauer, Servicewert, Preise und Rabatte, Gesundheit, Lieferzeit, meist auch einfach nur die Neuheit eines Produktes oder eine Dienstleistung. Diese Werte sind immer bezogen auf Produkte im weitesten Sinne, also auch politische Programme und Unternehmensstrategien. Hier liegt die Relevanz für den Hörer, die Beweggründe des Gesprächspartners oder Publikums, auf die die Argumentation zugeschnitten wird. Solche universalen Motive als Andockpunkte können sein:[59]

Gewinnstreben	Sicherheitsbedürfnis
Komfortbedürfnis	Stolz/Eitelkeit
Gesundheitsstreben	Sozialverantwortung/Mitgefühl
Fortschrittsglaube	Vermeidung wirtschaftlicher Nachteile
Spieltrieb	Ordnungssinn

Neben den universalen Punkten gibt es Trends, die beim Anschluß beachtet sein wollen.[60]
– Die Überzeugungschance von Institutionen und Organisationen sinkt.
– Die Vielzahl von Botschaften reduziert die Potenz der einzelnen Botschaft.
– Das Publikum wird resistent gegen große Themen (Umwelt, Frieden).
– Sippenhaftung nimmt zu.
– Nationale Rücksichten verlieren an Wert.
– Das strittige Vergehen wird nicht bezweifelt (Schuldvermutung).
– Begriffe nutzen sich ab (»sozialverträglich« »rückhaltlose Aufklärung«).

– Die Wirtschaft wird pars pro toto für die Gefahren der Globalisierung verantwortlich gemacht.

Mit einfachen Fragen lassen sich Anschlußmöglichkeiten für die Äußerung erkunden:
– Welche Bewegungen gibt es in der Kundenstruktur?
– Zeichnen sich Trends ab?
– Welche Rolle spielen die Produkte im gegenwärtigen gesellschaftlichen Diskurs?
– An welche Issues lassen sich die Botschaften des Unternehmens anschließen?
– Wie können die Themen integriert werden?
– Welche der Unternehmensziele sind kongruent zu derzeitigen Wünschen der Anzusprechenden?
– Welche Themen sind derzeit in den Medien relevant?[61]

Für den Anschluß am Beginn der Botschaft hat sich ein topisches Verfahren als günstig erwiesen. Danach lassen sich Ansatzpunkte für »common grounds« finden und in einfachen Sätzen formulieren, einige Beispiele:
– Innovationen (»Das Neue kommt nicht ohne unser Zutun.«)
– Kapitalmarkt (»Viele erleben derzeit, wie schwer Investieren ist.«)
– Steuerpolitik (»Wir wollen wissen, wofür wir Steuern zahlen.«)
– Arbeitsmarkt (»Was Arbeitslosigkeit bedeutet, müssen wir uns immer wieder vorstellen.«)
– Freizeit (»Kaum einer von uns wird nur arbeiten wollen.«)
– Gesundheit (»Wir wollen alle gesund bleiben.«)

Der Anschluß wird zum »goal keeper« der Botschaft. Je anschließbarer ein Argument ist, desto sicherer gelingt das Überzeugen. In der Antike war es die Topik, die diesen allgemeinen Gesichtspunkt zu finden hatte, einen Gesichtspunkt, der inhaltlich offen ist und Raum bietet. Die rhetorische Funktion besteht darin, daß der allgemeine Gesichtspunkt unstrittig ist, d. h. als Ausgangspunkt der Äußerung nicht angezweifelt werden kann und dadurch die Wahrscheinlichkeit und Glaubwürdigkeit der Argumentation stützt. Voraussetzung ist ebenfalls, daß die Topoi wertneutral sind. Man kann sie als Schnittpunkte der Argumente bezeichnen, als allen gemeinsame Punkte, die erst durch den argumentativen Bezug durch den Redner ein parteiisches Gewicht erhalten. So können beide Parteien den gleichen Gesichtspunkt wählen und von ihm aus je unterschiedliche Argumente finden: Der Topos präjudiziert kein Argument; es lassen sich daraus verschiedene Zielsätze ableiten.

Vor Jahrtausenden war es die Lehre von den Affekten der Hörer, heute sind es Soziogramme, die die Punkte herausfinden, an denen sich anschließen läßt. Zum Beispiel nach innen: Sie werden in der Regel aus Mitarbeiterbefragungen gewonnen. Diese Mittel sind für die Planung von internen Veranstaltungen hilfreich, will man wissen, mit wem man es in der Rede zu tun hat. So lassen sich integrierende Themen finden, mit denen die Redeinhalte angeschlossen werden können. In Mitarbeiterveranstaltungen des Managements etwa gilt es anzuschließen an gemeinsam erfahrener Geschichte, in manchen Fällen auch mit einem Verweis auf die Gründerväter in der Rede des CEO.[62]

Der Anschluß bringt nicht *eo ipso* Einigkeit: Er macht noch keinen »Dialog«. Public Relations Management hat anzugeben, wie der Redende des Klientenunternehmens überzeugen soll. Rhetorische Kommunikation ist strategisch. Konsens ist nicht ihr vordringliches Ziel und in der Massenkommunikation ohnehin nicht erfüllt – Symmetrie, Gleichberechtigung, wechselseitige Wahrnehmung der Kommunikatoren dürfen wir nicht unterstellen. Deshalb ist es fahrlässig, das vorauszusetzen, und heimtückisch, es zu deklarieren.[63] Wer Konflikte zwischen Unternehmen und Öffentlichkeiten durch die heilende Kraft solcherart Dialoge lösen will, den wird die Not der Zielsituation anderes lehren; spätestens die kontroverse Redesituation macht den Dialog unwahrscheinlich. Der Dialog scheitert regelmäßig, wenn Öffentlichkeitsarbeit das erreicht, wofür sie bezahlt wird: Erfolg durch strategisch-rhetorisch erreichte Deutungshoheit und Überzeugung. Auch kooperative Rhetoriken[64] haben dort ihre Grenzen, wo es um Durchsetzung von Geltungsansprüchen geht. Unternehmenskommunikation ist Auftragskommunikation, die »Einverständnis«[65] bloß als ein Ziel unter vielen kennt.[66] Es ist albern, wenn sie ihren rhetorischen Durchsetzungsanspruch leugnet.[67] Der Anschluß am Anderen ist nur der Platz, auf dem man sich gemeinsam findet (Gemeinplatz) – zum Zielsatz muß nicht jeder mitgehen.

3
Das mündliche Prinzip

Issues und Rede. Das Strittige

Das Strittige (»issue«) ist eine Jahrtausende alte rhetorische Kategorie, und die Rhetorik hat heute am Umsetzungsende des Issues Management ihren Platz. Wenn »Corporate Speeches as a source of corporate values«[1] ist, dann kommt der Rede in strittigen Fragen eine besondere Bedeutung zu. In der alten Triade Redner, Hörer und Redegegenstand ist das Issue der in Rede stehende Gegenstand, zunächst nicht mehr. Rhetorisch wird das Issue durch seine Überzeugungschance.

Im Begriff des Issue ist der der Meinung aufgehoben. Das Lateinische *opinio*, die strittige Meinung, hieß bei Platon *doxa*. Heute kommt für Unternehmen und Verbände eine weitere Bedeutung hinzu, die der »Reputation«, Ruf, Ansehen, das, was andere über die Sachen denken. Im Begriff steckt schon viel von »Öffentlichkeit«, so daß »public opinion« als Pleonasmus erkennbar wird.[2] Die Spannung aus Meinung und Gegenmeinung ist das Strittige, und auch sie ist alt. Schon John Locke spricht von dem Begriffspaar »Law of Opinion and Reputation«.[3]

Etwa 15 verschiedene Bedeutungen des Wortes sind in Gebrauch, von »die Sache« ohne jede Konnotation bis hin zu »das Strittige« als »das in Rede Stehende.« Im Angelsächsischen scheint der strittige Charakter von Issues gebräuchlich zu sein: »An issue can be defined as a point of conflict between an organization and one or more of its audiences.«[4] oder »An issue is a gap between corporate practices and stakeholder expectations.« Issues bringen Unternehmen in Rechtfertigungsnot, der sie durch vorausschauendes Managen, aber auch methodisch angeleitete Rede entkommen können.

Das Issue ist das Strittige. Was aber strittig ist – Aristoteles wußte es –, entscheiden keineswegs die »Absender« von »Informationen«. Unternehmen und Verbände können sich im Issues Management auf Informationen allein nicht stützen. Entscheidend ist nicht, welche Inhalte und Absichten das Unternehmen zu kommunizieren versucht, sondern welches Bild in den Köpfen der Anspruchsgruppen entsteht. Das Thema wird zum Issue über seinen Aufmerksamkeitswert[5] und gewinnt einen Vorsprung vor anderen Themen (»issue salience«).

»Strittig geht es zu, wenn Verschiedenes für wahr, gerecht, gut, sinnvoll, wertvoll oder machbar erscheint. Oder umgekehrt falsch, ungerecht, schlecht, sinnlos, wertlos und nicht realisierbar gehalten wird. Nie geht es um bloße Definition, immer geht es um Handeln, das aus der ausgehandelten Deutung folgt.«[6] Die Beteiligten selbst entscheiden nicht über die Deutungshoheit oder Geltungsmacht. Dies ist nicht anders als vor Gericht – das Strittige ist hier noch älter als in der Rhetorik – weshalb die Forensik lange als *das* Paradigma der Rhetorik galt. In den Public Relations ist das Publikum der Massenmedien die Instanz der Geltungshoheit.

»An issue ignored is a crisis invited« – ein Thema zu ignorieren, das die Öffentlichkeit bewegt, ist schon der Beginn einer Krise. Massive Proteste gegen Unternehmen hatten in den Vereinigten Staaten als Reaktions- und Frühwarnsystem eine Strategie entstehen lassen, die seither Issues Management heißt. Sie führt Organisationen warnend vor Augen, daß Aktivisten der Öffentlichkeit die Strategie von Unternehmen in erstaunlichem Maß fernsteuern können – aber daß es auch Chancen gibt, solche Entwicklungen vorherzusehen, abzufangen, sogar umzudrehen und die öffentliche Debatte von der eigenen Seite aus zu führen.[7]

Issues Management ist das Auffinden, Analysieren und Steuern von Themen, die öffentlich strittig werden könnten. Issues Management hat zwei Seiten, von denen die zweite rhetorisch relevant ist: Frühaufklärung sowie Steuerung von Deutungsmustern.

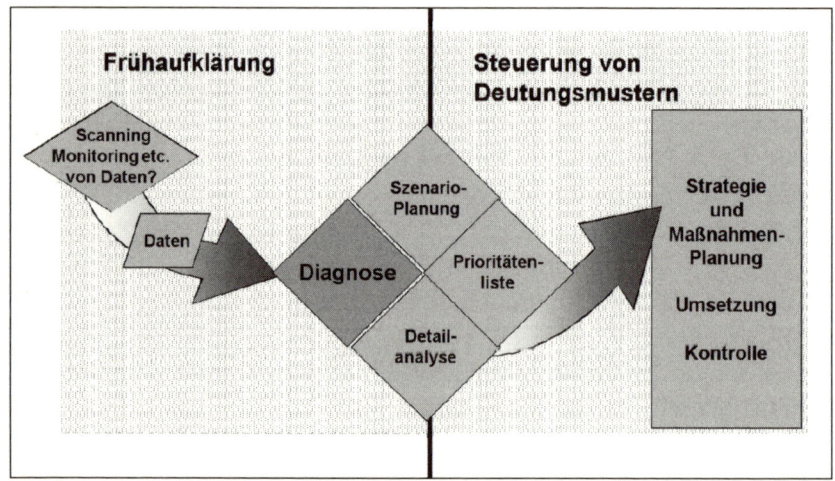

Quelle: J. Schulz

Erst am Ende des Isues Managements, in der »Umsetzung«, findet die mündliche Vermittlung statt. Rhetorisch heißt unter diesem Aspekt, die Interpretationen der öffentlichen Meinung frühzeitig und nachhaltig mitzubestimmen. Insbesondere Medienrhetorik ist wesentlich, weil Medien Deutungsmuster potenzieren und diese Potenzierungen zu beeinflussen sind.

Nicht alles Strittige zwingt zu Rede und Antwort. Daß alles strittig ist, kann nicht Dauerzustand sein, sondern als strittig kann nur gelten (und rhetorisch bewältigt werden), was akuten Problemdruck erzeugt. Das und nur das interessiert die Rhetorik, die an Verständigung über Strittiges interessiert ist. Schon Aristoteles definierte in diesem Sinne: »Aber wir beraten nur über solche Dinge, welche sich allem Anschein nach auf zweierlei Weise verhalten können: Denn über das, was nicht anders sein kann, beratschlagt niemand, sofern er annimmt, daß es sich so verhält; das bringt ja nichts mehr ein.«[9] Feld von Rhetorik wie Issues Management sind Gegenstände, die sich so, aber auch anders verhalten können, die also nicht im naturwissenschaftlichen Sinne beweisbar sind:
– Kommunikation über Sätze mit Wahrscheinlichkeitscharakter,
– Kommunikation über Sollsätze (Imperative),
– Kommunikation über Meinungen.

Wenn Rhetorik heißt: Zustimmung erreichen, um Handeln und Bewußtsein zu beeinflussen, dann ist zu sehen: Das Strittige ist mehr als das bloße »Informieren«. Issues Management und Wissensmanagement verhalten sich zueinander wie Überzeugen und Informieren. Das »Informations«-Paradigma der Kommunikation taugt auch hier nicht. Trotzdem stützen sich viele Konzepte zur Kommunikation von Unternehmen[10] auf die Übertragungsmetapher: und Information ist darin ein Objekt, meist ein Text, das einer Öffentlichkeit zur Verfügung gestellt wird. Vor allem Ratgeber der Public Relations geben dies weiter: »PR sorgen für einen Austausch von Informationen.«[11] Kritik an diesem »Kontainermodell« ist inzwischen ausreichend formuliert.[12] Informieren allein ist nicht ausreichend. Erst im rhetorischen Überzeugen zeigt sich die Professionalität, die von den Public Relations erwartet wird.

Das Strittige verlangt Methoden des Streitens. Die alte, begründende Streitkunst ist die Dialektik. Indem die Rhetorik vom Vollzug her denkt, geht sie dialektisch vor und dies bestimmt die Auswahl der Argumente. Diese Schwester der Rhetorik, die Kunst von Rede und Gegenrede, ist nach Aristoteles verschieden definiert, einmal dient als Zweck das Auffinden der Wahrheit, ein andermal ist nur die Philosophie für Wahrheit zuständig, und die Dialektik für schlüssige Argumente aus dem Wahrscheinlichen.[13] Der dialektische Widerstreit begründeter Meinungen degeneriert im gängigen Rhetorikmarkt zum bloßen Kampfratgeber. Hier erscheint Schopenhauers »Eristische Dialektik« – vielfach plagiiert – als Steinbruch für Anleitungen zum unredlichen Argumentieren, obwohl dieser das Gegenteil wollte.[14] »Die Kunst, recht zu behalten« ist nicht Dialektik, sondern Manipulationstechnik. Vielleicht liegt es an Schopenhauer; er hatte sich unglücklich ausgedrückt:

> Um die Dialektik rein aufzustellen, muß man, unbekümmert um die objektive Wahrheit (welche Sache der Logik ist), sie bloß betrachten als die Kunst, recht zu behalten, welches freilich umso leichter ist, als man in der Sache Recht hat.[15]

Ein markantes Beispiel für praktischen Streit ist die Frage nach Schuld in Medienäußerungen. Ein Beispiel: Wenn erste Medienberichte den Verdacht formulieren, daß Menschen in zumindest zeitlichem Zusammenhang mit der Einnahme eines Medikamentes verstorben sind, sehen die eher besseren Rechtfertigungen etwa so aus:

> Wir haben alles unternommen, was zu unternehmen ist. Wir haben Ärzte geschult, wir haben Patienten informiert, wie das Medikament bestimmungsgemäß einzusetzen ist. Wir werden weiter unsere Bemühungen intensivieren. Aber noch mal: Wir glauben, damit genug Aktivitäten an den Tag gelegt zu haben.

Beginn und Hauptteil dieses TV-Originaltones des Pharmazie-Unternehmens schließen an das Medienpublikum an und bringen Argumente, die sich durchaus glaubhaft vermitteln lassen. Der letzte Satz aber weist Verantwortung zurück; das Publikum übersetzt ihn in einen Satz, der meist das Gegenteil sagt: Wir haben uns nichts vorzuwerfen. Ein Satz, der – selbst implizit wie hier – schlicht nicht kommunikabel ist. Das Statement hätte besser auf dem Zielsatz enden sollen auf ». . . intensivieren«.

Solche Rechtfertigungssituationen gilt es rhetorisch abzuwenden.[16] Nach einer US-amerikanischen Studie[17] berücksichtigen nur 10% des Top-Managements Issues aktiv in der strategischen Planung. Issues als strittige Themen lassen sich dagegen auch positiv und aktiv nutzen. Das Issue wird damit strategisch.[18] Ziel einer Auftrittsberatung (»corporate speaking«) ist es daher, die Kommunikation via Repräsentanten rechtzeitig an aufkommende gesellschaftliche Strömungen anzuschließen. Die PR-Beratung muß sich an ihren Rändern erweitern, sowohl am Anfang, bei den Themen, als auch am Ende, bei deren Vermittlung.

Allenfalls um das strittig Werdende rechtzeitig zu erkennen, werden Informationen benötigt. Dazu gibt es ein praktisches Beispiel: den »War

Room«, eine Einrichtung, die sich der Findigkeit der Kriegsführung verdankt. Amerikanische Wahlkämpfer haben dieses Mittel, das wird gern vergessen, für ihre Zwecke bloß perfektioniert. Es ist die

> Kommandozentrale eines Kampagnenhauptquartiers. Meist ein Großraumbüro, das mit zahlreichen Fernsehgeräten (Kabel- und Satellitenanschluß), Computern nebst Internet-Anschluß und Zugang zu Nachrichtenagenturen und Presseauswertung, die lückenlose Beobachtung des Mediengeschehens rund um die Uhr erlaubt. In diesem Nervenzentrum laufen alle Kommunikationsstränge einer Kampagne zusammen. Von hier aus ist auch jederzeit eine Sofortreaktion auf Ereignisse möglich. Unter anderem auch Videokonferenz-Leitungen für Schaltgespräche im TV.[19]

Auch globalisierte deutsche Unternehmen richten inzwischen »War Rooms« ein. Allerdings dienen diese der Informationssammlung. Auch die Seite der praktischen Überzeugungsarbeit nach diesem Modell, aber weniger einseitig ausgerichtet zu organisieren, ist noch neu, und die »Chefsache Issues Management«[20] noch nicht die Regel. Als Beispiel mag ein »Issue Management Center« einer Identity-Beratungsgesellschaft stehen, ein Steuerungsgremium des Beratungsteams für den stimmigen Auftritt in der Öffentlichkeit. Dahinter steht die Einsicht, daß herkömmliche statische Kommunikationskonzepte den multiplen Anforderungen meist unzureichend Rechnung tragen. Dabei

> arbeitet das IMC in erster Linie inhaltlich, identifiziert Themenwelten, die sowohl Public-Issue-Qualität haben als auch dem Kommunikationscode der Marke entsprechen. Es begleitet und unterstützt die Entwicklung einer publizistischen Programmatik, der inhaltlichen Plattform für die gesamte externe Unternehmenskommunikation. Im Zentrum steht dabei die Erarbeitung und strategische Ausrichtung von Themen und Botschaften an Change-Zielen und an den Markenwerten. Darüber hinaus werden aus dem IMC heraus Empfehlungen für Sponsoring, Konzepte, Gestaltung und Dramaturgie von Corporate Events und die Vernetzung der Unternehmensliteratur gegeben.[21]

Im Issues Management kann die alte Topik zuarbeiten. Hier sind Topoi Andockstellen für Motive.[22] Dies sind Universale, allen gemeine Ängste, Sorgen und Hoffnungen, die deshalb interessant sind, weil sie, einmal als Issue erschienen, eine Eigendynamik bekommen, die kaum passiv zu bewältigen ist. Die Topik findet sich aber auch wieder in allen Scanverfahren, die mögliche Issues frühzeitig erkennen helfen, es sind Suchmuster für strittige Gegenstände, die ihrerseits rhetorische Antworten verlangen:

1. Topoi (Issues)

   Nachlassende Nachfrage
   Konjukturschwankungen
   Gesellschaftlich relevant werdende Themen
   Umweltthemen
   Krieg
   Freizeitverhalten
   Arbeitsorganisation
   Politik des jeweiligen Branchenverbandes

2. Topoi (Issues)

   Eigentumsverhältnisse/Aktienbesitz
   Aktienkurs
   Restrukturierungen
   Personalfluktuation
   Managementwechsel
   Liefer- und Serviceprobleme

Es ist Aufgabe des rhetorisch orientierten Issues Managements, geeignete Orte und Gesprächspartner für die Auftritte von Repräsentanten zu finden. In vielen Fällen geht es um Beziehungen, in denen Face-to-face überzeugt werden muß. Die Plazierung von Personen ist plausible Konsequenz, wenn man in Rechnung stellt, daß Relations Beziehungen sind, Beziehungen zu Menschen, die nicht nur durch PR aufgedrängt, sondern selbst eine Attraktion für die Meinungsführer haben müssen. Ist diese Attraktivität nicht ausgeprägt genug oder wenigstens nicht bekannt – kein Foto des Vorstandsvorsitzenden, dessen Stimme nicht in den Medien – dann ist die Chance des Issues Managements vertan.

Rhetorisch interessiertes Issues Management kann zweitens Szenarien antizipieren und für diese Szenarien je verschiedene Argumentationsmuster bereitstellen. Das gelingt mit vorbereiteten Argumentationsmustern. Als beispielsweise Lady Diana in ihrem Mercedes tödlich verunglückte, lag die Argumentation zum Issue »Prominente(r) hat Unfall mit einem Mercedes« durch DaimlerChrysler vorbereitet vor. In kurzer Zeit können diese Argumentationsmuster durch die Umstände des Einzelfalls ergänzt und auf Zielsätze hin ausgerichtet werden.

Mündlich : schriftlich. Die Achillesferse deutschsprachiger PR

Die frühen Public Relations waren mündlich. Alle Propheten wirkten zuerst durch die Rede, und ohne Personifizierung wäre ihre aktuelle Wirkung kaum so gewaltig gewesen. Die Sprecher des Jesus von Nazareth, zum Beispiel, waren zwölf Männer, die auszogen und Überzeugungsreden hielten. Die Events der damaligen Zeit – Wunderheilungen und Strafreden – wirkten durch die Unmittelbarkeit redender Personen. Aufgeschrieben wurde später. In der heutigen PR-Branche ist es umgekehrt. Erst wird schriftlich formuliert und dann soll der Vorstand »natürlich« klingen. Mündlichkeit ist heute dem Primat von Pressemitteilung und Prospekt gewichen, und die Repräsentanten des Klienten trauen sich, verschreckt durch einige prominente Reinfälle, kaum mehr heraus aus der Schrift. Aber Textexpertise genügt nicht:

1. Erwiesen ist, daß in überzeugender Rede niemand Text aufsagt. Der schriftliche Sprachstil ist anders als der mündliche und ist nicht für das Hörverstehen geeignet.[23]

2. »Es gilt das gesprochene Wort« ist nicht nur ein leeres Ritual. Justiziabel ist die tatsächlich gesprochene Form. Diesem Gebot kommt der Text nicht nach. Genau genommen ist die Referenz etwa einer Hauptversammlungsrede nicht das mitgegebene Manuskript, sondern der Videomitschnitt auf der Website.

Auch die Spannung aus mündlicher Präsenz und Schrift ist alt. Platons Kritik an der Schrift im *»phaidros«* erscheint neuerlich aktuell, wenn man die Begeisterung über live Gesendetes oder über die Echtzeit-Kommunikation von Internet-Chats sieht.[24] Platons Lob der Mündlichkeit ist zudem die Mutter aller Medienkritik: Das Speichermedium stehe dem lebendigen Wort entgegen. Inzwischen ist dieser Gedanke trivial, seine neuerliche Brisanz erhält er nur vor dem Hintergrund, daß die Public Relations auf der schriftlichen Ausformulierung etwa von Reden oder gar Q and A beharren. An diesem praktischen Punkt wird Mündlichkeit unabhängig von Medienkritik.[25] Daß mündliche Äußerungen seit Jahrzehnten schon neuerlich durch Medien potenziert werden, unterstreicht bloß ihre Potenz.

Oralität und Literalität sind beide Hebel der Veröffentlichung. Nachdem die Sprachkultur mündlich begonnen hatte, überwog die Schriftlichkeit, bevor eine neue Mündlichkeit entstand. Genau genommen sind es zwei neue Mündlichkeiten: Eine der audiovisuellen Medien[26] und eine der elektronischen Medien, die voice notes über das Internet versendet. Die PR wären dazu angetan, die Renaissance der Rede in beiden Medien zu treiben. Sie tun es aber nicht immer mit Methode.

Mündlichkeit und Schriftlichkeit sind heute im Kommunikationsmix verzahnt. Selbst das Geschriebene im E-Mail nimmt Formen des Mündlichen an. Eine Studie mit Schülern aus neun Ländern ergab, daß »E-Mail-Kommunikation der mündlichen Kommunikation ähnelt. Beide haben einen zwanglosen, gedrängten Sprachstil mit umgangssprachlichen Ausdrücken, vielen Auslassungen und Kürzungen. Der Sprachstil in E-Mail und newsgroups nimmt – das legt die Studie nahe – eine besondere Position zwischen gesprochener und geschriebener Sprache ein.[27] Daß »neue« Mündlichkeiten und »Schriftlichkeiten« einander abwechseln, macht skeptisch gegenüber generellen Priorisierungsversuchen des einen oder des anderen.[28] Mündlichkeit ist nicht besser oder »echter«. (Sie ist nur Stiefkind der PR.)

Der Ort des mündlichen Prinzips sind heute die audiovisuellen Medien. Professionell unterstützte Mündlichkeit ist notwendig in Zeiten, in denen die Wahrnehmung von Organisationen wesentlich die von Personen ist. TV-Präsenz ist deshalb ein Professionalitätsgebot. Sie werden Anfang des 21. Jahrhunderts zur professionellen Arbeit des Top-Managements. Aber auch die Medienrhetorik ist weder besser nicht schlechter, die Auftretenden sind eben nur vermittelt zu sehen.

Denken, Reden und Schreiben sind natürlich verknüpft. Das Wort von den »Schriftgelehrten« hat diesen historischen Ursprung. Freilich war die Rhetorik neben Performanzanleitung immer auch Vertextungsanleitung. Schrift ist Vehikel der Kommunikation, sobald sie »professioneller« oder »offizieller« wird. Die Funktionen der Schrift sind zugleich ihre Vorteile: Temporalisierung, Verweisbarkeit, Kontextunabhängigkeit und Speichermöglichkeit. Text und Schrift wurden in der deutschen Bildungsgeschichte dominant, während die Rede verfiel.[29] Der Überhang der Schrift ist heute in den Biographien verankert. Der Mensch denkt in print, von Geburt an,

> die mit einer Geburtsanzeige verkündet wird. Seine erste Kinderzeichnung ist print. Sein erstes Schulheft ist print. Sein erster Liebesbrief ist print. Seine erste Wohnung, seinen ersten Job und sein erstes Auto findet er per Anzeige. Das Geld, das er verdient, ist print, seine Kündigung auch. Und kurz nach seinem Tod erscheint wieder eine Anzeige.[30]

Die derzeitige Wirtschaftsrhetorik unterstützt die Schriftlastigkeit (»Der typische Vorstand trennt sich eher von seiner Frau als von seinem Manuskript,«[31]) »Frei reden!« ist hier und da das Ziel, aber was den Akteuren oder Repräsentanten von Beratungsunternehmen vorgelegt wird, sind wieder nur ausformulierte Texte. Die entscheidende Frage, wie der Vorstand die fremd produzierte Vorlage vor Publikum umsetzen soll, kann das gelieferte Material (Text) nicht beantworten, noch kann es die Beratung (Produkt). So wird – trotz und mit aller PR-Beratung – das Publikum immer wieder mit hörunverständlicher Schriftsprache konfrontiert. Ein merkwürdiger Widerspruch, denn andererseits gilt »vom Manuskript abweichen« als Wert an sich. Ein Grund: Die drei Begriffe geraten immer wieder durcheinander: vorlesen, frei formulieren, auswendig lernen.

Die kommunikative Prozedur im Auftritt ist das Vorlesen. Vorlesen ist das Neu-Denken und Aktualisieren einer starren Sprachform. Das schreibdenkend Entstandene allerdings läßt sich selten leicht aussprechen und nicht immer hörverstehen.

Daran ändern auch moderne Vorlesehilfen nichts. Für Vorstandsreden wird häufig ein Teleprompter installiert, ein Vorlesegerät, das dem Publikum die Prozedur verbirgt. Das Lesegerät spiegelt vor, es werde frei gesprochen. Die Reden werden dadurch sprachlich noch uniformer, noch glatter. In solchen Fällen würde das Verteilen des Schrifttextes zum Nachlesen genügen, denn das Auditorium hört schlicht wenig oder gar nicht zu, wenn der Text vor dem Hörer liegt. Selbst bei internen Veranstaltungen, in denen Führungskräfte und Mitarbeiter eines Hauses zu Veränderungen motiviert werden sollen, wird vielfach vorgelesen. Selbst in manchen TV-Interviews werden die Antworten vom Gerät rezitiert. Die Schriftlast des Vorlesens läßt sich kaum deutlicher vorführen.

Wenn schon nur das Vorlesen von Text bleibt, dann sollte dieser wenigstens hörverständlich und sprechbar sein. Kurze Sätze genügen hier nicht, sie müssen konzis sein (*concisa brevitas*). Die Schul-Grammatik kann nicht überzeugend angeben, wie mündliche Sprache auszusehen hat, und die meisten Ratgeber auch nicht. »Kurze Sätze« heißt es, aber was ist gemeint? Wer sich ansieht, wie haarsträubend allein die Vorschläge sind, wie lang ein (mündlicher!) Satz sein darf, kann sich einen Begriff von der Verwirrung machen. Mal sind es sechs, mal sieben, mal 12 Wörter, beliebig also. Wir bleiben auf den Einzelfall angewiesen. Kurze Sätze sind ohnehin kein Wert an sich. Wer frei redet, spricht durchaus auch mal längere Sätze, aber er spricht sie immer in kürzeren Sinnschritten[32] als in der Schriftsprache. Mündlichkeit mit Text bleibt eine Notlösung.

Probleme der Redewirkung liegen deshalb meist weniger in individuellen rhetorischen Fähigkeiten als in den Vorbereitungsmethoden. Die *actio,* die Ausführung der Rede, muß von der Sprache der Prospekte und Beraterpapiere abweichen können. Redeplanung und Satzplanung gleichermaßen sollen professionelle Mündlichkeit unterstützen. Denn beides zusammen, unvorbereitet in Aktion – überfordert nicht nur den durchschnittlichen Redner. Es braucht Methoden, die einen mündlichen Sprachstil gestatten, weniger elaboriert als das übliche Manuskript und weniger artifiziell entstanden als der Slogan. Das alles spricht gegen die gängigen Schreib-Stilistiken. Sie sind für mündliche Kommunikation nur bedingt praktikabel.

Wo die Public Relations-Branche nach Bezugspunkten für mündliche Äußerungen sucht, wird sie nicht immer fündig. Man sucht nach Normenkenntnis bei den anerkannten Experten. Harte Normen der Sprache aber gibt es allenfalls in Orthographie und Phonetik, in der Grammatik sind diese auch schon variabel. Reden aber bemessen sich an ihrer Wirkung auf die Zuhörer. Daß ausgerechnet der renommierte Duden-Verlag etwas verlegt, was »Reden gut und richtig halten« heißt, obwohl es »richtige« Reden nicht geben kann, disqualifiziert dieses Werk für eine integrierte Auftrittsberatung. Somit können sich die Berater nicht auf gedruckte »Erfolgsreden« stützen. Moderner kommt ein Konzept daher, das als »Corporate Wording«[33] Wirkungen schriftsprachlicher Texte optimieren will, mit Sprachpflege und der moderne Adaption der alten Kunst des Briefschreibens, aus der sich die Publizistik einmal entwickelt hatte. Briefschreibkunst und Mailing-Kundenansprache ist aber nicht vordringliches Problem der PR-Beratung. In der Vorbereitung von Klienten-Auftritten aber erweisen sich vorgefertigte Floskeln als ungeeignet. Methodisch gestützte Mündlichkeit heißt: Der Redende muß sich selbst in die Vorbereitung einbringen.

Angelsächsische PR-Literatur kümmert sich weit professioneller um »the Relation of Writing to Spoken Language«[34], die deutsche hat das noch vor sich. Das zeigt sich schon in den Strategien. Die Aktion mit dem Klienten liegt hierzulande an den Rändern der PR. Wer Kommunikations-Zeitpläne studiert, dem mag auffallen, daß mündliche PR kaum vorkommt – allenfalls in der Finanzkommunikation sind Auftritte obligater Bestandteil. Selbst in der direkten Rede mit Journalisten ist in manchen Konzepten lediglich die Rede von ausformulierten Texten, nicht von mündlicher Kommunikation.[35] Die beiden Wechsel der Public Relations – vom Text zur Person, vom Produkt zur Aktion – sind nötig, solange die Referenzprodukte der PR ausschließlich solche Texte sind. Erst so würde Rhetorik in den Public Relations praktisch.

Soundbites und Quotes

Schriftlich wie mündlich werden markante Äußerungen von Unternehmens- und Verbandsrepräsentanten kreiert, und »Kernbotschaften« sind das Ziel jeglicher Aussagenvorbereitung. Sie konkretisieren wesentliche Merkmale der Positionierung des Unternehmens.«[36] Kernbotschaften haben zwei Funktionen: Sie lassen sich leicht merken, und sie fungieren als wiederverwendbare Aussagen.

Solche »quotes« sind zitierfähige Aussagen, die sich zu Weiterverbreitung und Quellenangabe eignen: »Ein Handschlag ist nach wie vor mehr wert als 1000 Klicks«, das Wort vom Branchenprimus der Bankenwelt, das Wort vom Speck, den die Unternehmen angesetzt haben, aber auch das (unglückliche) Wort von den blühenden Landschaften. Quotes geben Gelegenheit, Issues mit den jeweils eigenen Begriffen zu deuten.[37] Sie sind, handelt es sich um professionelle Public Relations, vom Unternehmen selbst oder von Beratern erarbeitet. Innerhalb der Geschichten, der Spins, gehören Quotes zu den Highlights, mit denen die Aussagensysteme (»quotationsystems«) im Bewußtsein der Öffentlichkeit verankert werden.

Quotes werden für Pressetexte schriftlich kreiert, in der Hoffnung, sie pflanzen sich über Printmedien fort. Die Chance ist mäßig groß. Kaum ein Schriftprodukt kann solche Quotes wirklich etablieren, außer der Bibel. Das Bild des Kernes suggeriert zudem, daß unbegrenzt viel Information in einen Satz paßt. Das führt oft eben nicht zu griffiger Sprache, denn heraus kommt oft nur Verlängerung. Solche Sätze sind mündlich nicht glaubhaft zu kommunizieren.

> Der Vorstandsvorsitzende Meier betonte: »Im Rahmen der strategischen Ausrichtung auf drei Geschäftsfelder haben die Ziele Effizienz, internationale Geschäftsausrichtung, Wertschöpfungspriorität sowie Kundenfocus oberste Priorität, die sich nicht nur auf der Ertragsebene auswirkt, sondern auch Brand-Value-Potentiale hebt«.

In vielen solcher Pressemitteilungen steht zwar, daß der Vorstandsvorsitzende oder Geschäftsführer dieses oder jenes gesagt haben soll, aber die Sperrigkeit der Formulierung merkt man den Zitaten an. Man sieht ihnen an, daß sie von den Kommunikationsstellen ausgedacht wurden; ihre Sprache ist nicht mündlich, und mit dem Wort verbindet sich kein Gesicht. Höherer Erkennungswert (»awareness«) und Anziehung (»attraction«) haben dagegen die von den Repräsentanten original zu vernehmenden Sätze in den audiovisuellen Medien. Etwa wenn ein Bankvorstand von den PS spricht, die das Unternehmen auf die Straße bringen wird. Auch wenn der CEO eines Softwarehauses in Anspielung auf die Marktmacht seines Unternehmens sagt: »Herr Gates, reißen Sie die Mauern ein!«, dann hat dies eine enorme Wirkung. In unzähligen Tageszeitungen weltweit ist dieser Satz zitiert worden, vermutlich ebenso lange ausgedacht, ebenso klug und pointiert gesetzt, aber eben original mündlich und nicht als Text. Ein Beispiel aus der Medienrhetorik: In einem ZDF-Interview (»Was nun, Herr...?«) hatte sich ein Vorstandsvorsitzender mit Methode wiederholt, mit zwei Aussagen: 1. »Ich bin bedrückt über den Aktienkurs unseres Unternehmens«, 2. »Ich bin kein Schönwetterkapitän«. Beide Sätze füllten die Überschriften Zeitungen der Folgetage und potenzierten deren Wirkung. Ob allerdings Äußerungen wie »Wir werden bei der Konkurrenz ein Blutbad anrichten« dazu gehören, ist fraglich.

Solche »soundbites« sind Ton-Einheiten, markante Statements, die pointieren, teils auch dramatisieren, Tonhäppchen, die ein Issue auf den Punkt bringen. Bildhaft, originär mündlich und nicht nur für Texte erfunden. In Radio und Fernsehen sind sie das Vehikel, um gesendet zu werden, etwa zwei bis fünf Sätze, kaum länger als 15 Sekunden.[38] Soundbites als TV-Statements oder Redeausschnitte scheinen den Slogans der Werbung zum Verwechseln ähnlich. Sind sie gut, also originär mündlich, sind sie aber keine Slogans. Während diese artifiziell entstanden sind und man dies auch spüren kann, nicht selten gewollt, sind jene Soundbites mündlich entstanden, in einem Stil, der der Alltagssprache des Publikums nahe ist. Derselbe Effekt wäre über Werbung wesentlich kostenintensiver. Soundbites können, wenn sie sorgfältig vorbereitet sind, einem Brainstorming entspringen, das sowohl auf den Anschluß an möglichst Viele als auch auf Rhythmus und Musikalität des Satzes achtet.[39]

Soundbites liefern originären Sprechstil, mit einer Ausdruckspotenz, die Schrifttexte nicht haben. Dadurch sind Soundbites wirkungsvoller als andere Quotes. Soundbites werden erst im nachhinein schriftlich formuliert. Schließlich, ohne ein altes rhetorisches Prinzip wären Soundbites nicht denkbar. Oft erst das alte Mittel Wiederholung macht die Äußerung wirksam. Im Deutschaufsatz wird sie vom Lehrer gestrichen, während sie in mündlicher Rede oft schon zum Verstehen nötig ist. Soundbites eignen sich zur Wiederholung, weil sie die Botschaft verankern. Diese Verankerung durch Äußerungen ist Aufgabe mündlicher Public Relations.

Texte und Charts. Die Waffen der Beratung

»Können Sie uns Ihren Text vorab zusenden«, werden Referenten immer wieder vor einer Veranstaltung gefragt. »Nein«, sagt der gute Redner, »Ich komme selbst.« Die Veranstalter glauben mit dem Produkt Text die Gewähr für Aktion zu haben; sie können dem Kunden etwas mitgeben. Sicher ist auch in der Vorbereitung das Verfassen von Text sinnvoll. Das steht in einer alten Tradition. »Der Griffel ist der beste und vorzüglichste Urheber und Lehrmeister für die Rede«, sagt Cicero. Das Schreiben zwingt dazu, geeignete Worte zu finden. Der Text ist:
– Vehikel von Selbstverständigung und Strukturierung (Vorbereitungspapier),
– Dokument (Produkt),
– Vorlage zum Vortrag (Aktion).

Genau im letzten Punkt liegt das Problem. Ist das ausformulierte Manuskript das geeignete Produkt für den Auftritt? Manuskripte und Charts sind die Waffen des Beraters. Diese mehr produkt- als aktionslastige Praxis hat Konsequenzen für den Stil der Ansprache und die Methoden. Die *actio* wird vernachlässigt zugunsten oft umfangreicher Ausarbeitungen, die sich schließlich kaum noch sprechdenkend[40] vermitteln lassen. Diese Text- und Chartkultur ist ein Übel jeglicher Unternehmensberatung geworden, die zwar eine Fülle von »Informationen« bereitstellt und dem Dokumentationszwang opfert, aber nicht angeben kann, wie diese
– an den Hörer angeschlossen werden können und auf einen Punkt führen (Denkstil),
– ausreichend frei reproduziert werden kann (Sprachstil),
– in der Aktion umgesetzt werden kann (Sprechstil).

Das Manuskript vereint wiederkehrende Argumente auf sich. Ausformuliert sei die Aussage präziser, Zeitdruck ließe sich verringern. Die freie Formulierung erscheint als ein Wagnis. Sie ist aber der sicherste Weg, sprachlich und sprecherisch originär zu sein. Der eigene Stil unterscheidet sich im allgemeinen von dem der Beraterpapiere und Redemanuskripte. Der Schreibstil der Referenten und Vorstandsassistenten schafft am Ende Produkte, die vielfach für die *actio* nicht taugen. Darauf ist anhand des Redenschreibens zurückzukommen.

Der ausformulierte Text ist nur ein Beispiel; für Charts gilt ähnliches. Das Bild ist das Gegenteil des bloß Sachlichen. Das Sachliche ist leider nicht per se attraktiv, erst das Bild unterstützt diese Leistung. Der deutsche und der protestantische Vorbehalt gegen attraktiven Auftritt wenden sich vor allem gegen das Bild. Um auf den vermeintlich wahren Kern zu kommen, ist es scheinbar im Wege. So haben wir Jahrhunderte der Entbilderung hinter uns; unter dem Diktat der Logik, die Begriffszusammenhänge an die Stelle des Anschaulichen treten läßt.[41] Deutsche Public Relations sind mit ihrer Textlast Teil dieser entbilderten Kultur oder finden sie wenigstens vor. Die Versuchung ist groß, sie zu unterstützen, entweder grafisch (Charts, auf denen nichts als Worte stehen), aber auch sprachlich (»konsequente Implementierung unsere Erfolgsstrategie«). Aber »Strategie schmeckt nicht«.[42]

An einem Beispiel durchgespielt: Die erste Variante ist probat für Lesetexte, die zweite entspricht dem Auftrag als Werkvertrag, sie ist problematisch, denn das Redeziel hat Konsequenzen für die Prozedur der Auftritte. Wer sich vor Augen hält, welche Möglichkeiten es gäbe, der wird die letzte von dreien wählen:

— 42 Charts einer Agentur sind rechtzeitig fertig geworden, die dem CEO vorgelegt werden, damit dieser seine »Präsentation« vorbereiten solle. Ein bißchen soll dieser sich damit befassen, »die Präsentation« ist vermeintlich fertig.
— Eine Rede, geschrieben von einem Redenschreiber, nach etlichen Briefings erstellt, teils vom Kommunikationschef weiter ausgefeilt. Sie beginnt mit »Sehr verehrte Kolleginnen und Kollegen, liebe Kollegen der Führungskreise 1 und 2, ich darf Sie hier alle recht herzlich auch im Namen unsres gesamten Vorstandes begrüßen ...« und so weiter.
— Der Vorstand plant Zeit zur eigenen Vorbereitung und bespricht sich mit den Kommunikatoren des Hauses, einem Berater und einem Executive Coach. Er fragt: »Was sollte ich sagen?« und »Wie lange sollte ich reden, was meinen Sie«? Und »Stichwörter erbeten«.

Die erste Variante ist die Methode der Wahl nur bei Informationsreden und für Überzeugungsreden nicht geeignet. Was auf dem Produkt verzeichnet ist, genügt nicht. Aufgabe des Spitzenmanagements ist ohnehin nicht Edukation, sondern Motivation (*movere*). Die zweite Variante ist ungünstig wegen der Prozedur Vorlesen. Die Vorlesestunde ist die Prozedur des Vorstandsauftritts schlechthin. Dabei ist längst belegt, daß Vorlesen weit schlechter verstanden wird als freies Reden.[43] Erst in der letzten Variante liegen die besten Chancen zur Überzeugung des Repräsentanten. Der Vorstandsvorsitzende wird zum Teamchef. In aller Regel brauchen die Zuhörer das gesprochene Wort – während beeindruckendes Videobeaming und überladene power point Grafiken allenfalls zum Informieren geeignet sind. Die dritte Variante ist der Auftakt zur Produktion eines sprechbaren Konzeptes, das individuell zugeschnitten ist und im Executive Coaching durchgespielt werden kann.

Kommunikationsagenturen und -abteilungen liefern zwar den Charts ein Gerüst mit dramaturgischen Vorschlägen, oft hochstandardisiert. Vielfach ist schon die Menge im Auftritt nicht zu bewältigen, mit nicht selten 40 oder 50 Charts. Es erweist sich in der Probe, daß die Chartfolge oft nur Vorform der Verständigung sein kann, ein Ergebnis der *inventio* und *dispositio*. »Sind Ihre Booklets genau so überzeugend wie Ihr Vortrag?« fragt Hewlett Packard in einer Anzeigenserie für Farbdrucker. Man müßte umgekehrt fragen: Reden Sie so überzeugend wie Ihre Booklets?

Eine Erklärung für die Chartlast mag sein: Je mehr Charts hergestellt werden, desto geschäftiger kann sich die Abteilung darstellen. Das Produkt Chartfolge aber schafft dem Klienten mehrere Probleme:

— Die Dramaturgie (Bauform) liegt weitgehend fest. Freiräume für die eigenen Antworten des Redners auf die Frage: »Was will ich sagen?« sind damit erheblich verringert.
— Die Dramaturgie ist nach der Pyramide aufgebaut. Markantestes Beispiel ist der Usus, mit der »Zusammenfassung« (»management summary«) des zu Sagenden zu beginnen.
— Das äußert sich auf den Charts selbst: Der »action title« als Überschrift (etwa »Konsequenter Ausbau der Vertriebsaktivitäten«) ist rhetorisch ungünstig, weil die Botschaft gelesen ist, bevor sie mündlich hergeleitet werden konnte. Der Zielsatz gehört an das Ende der Äußerung zum Chart.
— Rhetorisches Können muß mindestens mit dieser grafisch-technischen Vorgabe Schritt halten. Überzeugendes Reden ist mit Charts noch mitnichten vorbereitet.

Kritisiert wird zudem eine »Dümmlichkeit der Charts«.[44] Eine alte rhetorische Qualitätsforderung ist allerdings Einfachheit. Je unübersichtlicher das Informationsangebot, desto dringlicher werden Vereinfachungen. Beraterscharts setzen das in den Worten um, aber nur wenige Redner können diese Tugend auch im Auftritt umsetzen.[45] Weniger daß die Charts einfach (»primitiv«) sind, ist das Problem, sondern drei andere Umstände:

1. Die Charts sind vielfach überladen. Text und Bild geben verschiedene, jedes für sich oft zu starke Aussagen – der Sinn von Visualisierung wird konterkariert.[46]

2. Die Chart-Folge wird für die Rede selbst genommen. Das Produkt ist sich selbst genug. Die Chartreihe wird als Factbook oder Handout geplant.
3. Die Sprache auf Charts ist substantivisch und extrem komprimiert. Als Quasi-Stichwortkonzept taugt dieser Sprachstil nicht.

Das Umgekehrte der Einfachheit – durch Formulierungskunst aufgeblähte Sprache auf Charts – zeigt das folgende Beispiel. Ein Analyst sagt nach einer Finanzpräsentation: »Das haben Sie sehr schön gemacht, die Charts haben Sie ja von der Investmentbank, aber jetzt, können Sie mir kurz sagen, was Sie wollen?« Darauf der Vorstandsvorsitzende: »Auf Seite 42, unsere Vision, könnten Sie mal dahin schalten?« Und was da stand, war etwa so etwas:

> Vision:
> Konsequenter Ausbau der Marktführerschaft in Europa und strategische Implementierung zukunftsweisender Vertriebsstrukturen mit Internationalisierung insbesondere auf der Beratungs- und Supportebene

Solchen Schautafeln unterstellen stillschweigend das Gesprochene als sekundär. Wie der Film als Beiwerk einen Sound Track hat, soll die Chartreihe lediglich einen »Voice Track« bekommen. Ein Beiwerk, mit dem es lediglich zu würzen gilt, was auf den Charts steht. Das steht allem entgegen, was wir über die Wirkung von Text und Bild wissen. Die PR braucht Methode für die Anordnung von Text und Bild. Reden zu Charts zu professionalisieren, dazu ist Wissen nötig, wie Bild und Text zusammenwirken und also auch gemischt sein sollten. Es lohnt sich für

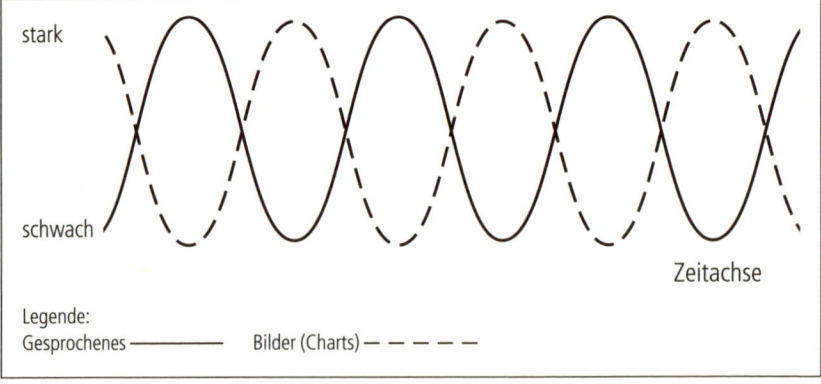

Quelle: Ordoff/Wachtel 1997

die Public Relations, Erfahrungen und Einsichten professioneller Fernsehmacher zu Text und Bild aufzunehmen, die ja täglich verständlich beides zu verbinden haben.[47] Deren wichtigste Einsicht ist, daß die Schwere und Dichte von Text und Bild einander abwechseln sollten (vgl. Grafik S. 56).

Überzeugend auftreten gelingt also nicht per se mit Charts, weil deren Sprachangebot als Formulierungsunterstützung nicht taugt. Erst wenn ein Redekonzept entsteht,[48] das die Visualisierung lenkt, ist der Auftretende nicht mehr um jeden Preis darauf angewiesen.

4
Das rhetorische Prinzip

Rhetorische Systematiken

Im 5. Jahrhundert v. Chr., nach dem Ende der Tyrannenherrschaften in Syrakus und Athen entstand die erste Öffentlichkeit, die Interessengegensätze mit Worten auszutragen begann. Die sophistische[1] Aufklärung, die radikale Suche nach vermeintlicher Wahrheit, brauchte »professionelle« Redner. Und dieselbe Sophistik spätestens brauchte methodische Grundlagen für ihr Redecoaching gegen Geld. Platon bezeichnete die Rhetorik bald darauf als Schmeichelei, »kunstloses Handwerk«, bloße Überredung und Scheinkunst, auch als »Seelenleitung durch Worte«.[2] Sein Schüler Aristoteles knüpfte dort an, machte sie wieder hoffähig und stellte sie neben die Dialektik – beide Methoden zielen auf das dem Wahren Ähnliche, das Wahrscheinliche.

Die römische Kultur baute die Rhetorik zum System aus (Cicero), in reinem weiteren Sinne zu einer Kunst, wenngleich nicht im Sinne der Ästhetik (*ars rhetorica, ars oratoria*). Anders als heute waren Theoretiker immer auch Praktiker (Rhetoren); Ciceros *perfectus orator* vereint beides: Reden lehren und selbst gut reden können. Quintilian schließlich schrieb ein systematisches Werk, das zugleich Lehrbuch war und zwei Jahrtausende wirkte. Im Mittelalter war die Rhetorik Teil der sieben freien Künste (*artes liberales*). Die Renaissance wäre ohne Rhetorik kaum denkbar. Im Barock begann der Niedergang: Rhetorik als sprachliche Ziselierkunst; vergleichbar mit dem heutigen PR-Verständnis als journalistische Schreibkunde.

Bald trennten sich praktische Eloquenz und theoretische Systematik – nicht jeder Rhetoriker redet gut. Nach der französischen Revolution, die die feurige Rede als Präludium zur Guilliotinierung mißliebiger Zeitgenossen brauchte, war der Niedergang perfekt. In Deutschland lebte die Rhetorik fort in den 1848ern und der beginnenden Arbeiterbewegung.

Andererseits war hier die Degression besonders radikal, weil die Kultur der Innerlichkeit mit dem Biedermeier den Prototyp des Antirhetorischen bereitgestellt hatte, in den Worten Tucholskys »der Deutsche, jener Bruder Innerlich, aus dessen Seele es dumpf heraufkocht«, der sich um Performanz nicht schert, denn »Gott sieht aufs Herz«. Das braucht keine Performanz der Rede.

Am Anfang waren die griechischen Erzieher gleichzeitig Lehrer verschiedenster Disziplinen: Rhetorik, Politik, Ethik, Anthropologie, bis hin zu Medizin und Theater. Sie bildeten Spezialwissen wie Redesystematiken heraus. Heute wünschen wir das Gegenteil. Der Überdruß an »Fachidioten« verlangt spätestens seit der Romantik nach »Ganzheitlichkeit«.[3] Die aber ist selten profund. An deutschen Schulen und Hochschulen ist das Ergebnis der Ganzheitlichkeit zu sehen, und in der PR-Ausbildung ist das schwer zu korrigieren.

Die praktische Verständigung kommt ohne Mitredenkönnen der jeweils anderen nicht aus. Immer dann, wenn Demokratien niedergehen, ist Rhetorik nicht mehr gefragt, allenfalls in ihrer Rückseite, der Propaganda, eben weil sie der Zustimmung nicht mehr bedarf und Bewußtsein kurzschließt.[4] Am Ende der Polisdemokratie, im Hellenismus, aber auch vor nicht langer Zeit in der DDR ließ sich das studieren, und neuerdings wieder in Kriegszeiten.

Die neue Welt ist voll von alter Rhetorik.[5] Rhetorikgeschichte und -theorie stehen reiche Systematiken bereit und bildreiche Definitionen: etwa die Rhetorik als »Meisterin der Überredung«[6]. Daraus spricht Respekt, aber auch Vorsicht, denn das Überreden gilt nicht als hehres Ziel. Ziele oder Wirkungsweisen waren immer schon: *docere* als belehren, *movere* als bewegen, *delectare* als erfreuen.[7] Im *docere* erkennt man das (auch publizistische) Informieren. Auch *ethos* und *pathos* gehören dazu. Deutsche Sachlichkeit gehört erkennbar nicht zum Kanon der wirksamen Tugenden.

Die Rhetorik begann nicht etwa mit: »Was will ich sagen?«, sondern mit der Frage: »Was treibt meine Zuhörer um?« Die Antike erkannte den Kern des Problems, die Gefühle des Menschen. Man begann sie zu studieren, zu systematisieren und dann erst, sie für die Rhetorik nutzbar zu machen. Das bedeutet, daß alles vom Hörer her geplant werden muß. Ziel ist Zustimmung[8] – danach die Absicherung, die Versicherung über Gemeinsames, das was wir heute Commitment nennen. Wer, wie Aristoteles in seiner Rhetorik rät, Willen und Gefühle der Zuhörer kennt und geschickt einsetzt, hat die größten Chancen wenigstens zur Zustimmung. Aristoteles unterschied drei »Überzeugungsmittel« der Rhetorik:[9]

1. *ethos*: Der »Charakter des Redners«.
2. *pathos*: Die Fähigkeit, das Publikum in »eine gewisse Stimmung zu versetzen«.
3. *logos*: Die »Rede selbst, das Beweisen«.

Insbesondere in Deutschland und spätestens seit der Aufklärung scheinen *ethos* und *pathos* als Überzeugungsmittel manchmal diskreditiert.[10] Das bloß Rationale braucht das gestaltete Innere nicht. Übrig bleiben quasi-objektive und nicht – wie noch bei Aristoteles eingeräumt – »scheinbare« Beweise.

Schon früh wurde die Rhetorik auch als Charakterbildung begriffen. Cato d. Ä. verdanken wir die Formulierung dieses Umstandes als Idealvorstellung. Der Redner sei ein »*vir bonus dicendi peritus*«, ein »Ehrenmann, der gut zu reden weiß«. Und Quintilian stimmt zu: wirklich gut reden könne nur ein guter Mensch (*est bene dicendi scientia*). Wer darüber nachdenkt, kommt schnell auf den Gemeinplatz »Böse Menschen haben keine Lieder«, von dem wir wissen, daß er mit allerlei Ausnahmen gewürzt ist. Auf der Folie des *vir bonum* würden ohnehin einige heutige Personen des öffentlichen Lebens nicht bestehen. Es wirft, um ein Beispiel zu nennen, ein unschönes Licht auf unsere rhetorische Kultur, wenn immer wieder ein Redner eingeladen wird, der zwar eloquent und mit Witz (*ornatus*) reden kann. Von *vir bonus* läßt sich dennoch nicht sprechen bei einem, der seine Mandanten an den Staats-Sicherheitsdienst verraten hat.

Rhetorik stützt Legitimationen des Handelns. Die Rechtfertigung ist der typische Sprechakt, etwa in der Krise. Handeln ist nicht per se wahr oder falsch, es wird legitim. Was im Einzelnen legitim ist, wird durch Rhetorik ausgehandelt. Die Grenze etwa ist die Legitimation von Gewalt. Ein Krieg muß dann nicht mehr rhetorisch – durch Verfahren – legitimiert werden, wenn sich der Angreifer militärisch überlegen wähnt. Kriege werden allerdings durch Rede begleitet, diese Rede beschränkt sich auf die Behauptung (externe Gefahr, Lebensraum). Legitimation unternehmerischen Handelns etwa kann ritualisiert sein, etwa wie in der Hauptversammlung.[11] Aber auch hier muß die Legitimation durch Repräsentanten immer neu geschaffen werden.

Rhetorisches Handwerk für die PR, das verlangt vorab den programmatischen Blick. Deshalb sei hier eine kurze tour d´horizon durch diejenigen rhetorischen Systematiken versucht, die für die PR relevant sind. Sie sind teils 2500 Jahre alt, teils sind sie sprechwissenschaftlich begründet. Aus der antiken Rhetorik stehen uns zur Verfügung: die Redegattungen, die Produktionsstufen der Äußerung, die Teile der Rede und die Statuslehre. Neueren Ursprungs ist am Ende die Systematik aus Denkstil, Sprachstil und Sprechstil.

1. Die Redegattungen

Aristoteles unterschied drei Typen oder Gattungen der Rede. Später wurden sie *genera orationis* genannt. Es läßt sich unschwer erkennen, daß besonders die Letztere für heutige mündliche PR relevant ist, die Lobrede allenfalls noch bei der Verleihung »Manager des Jahres«:
- Rede bei Gericht (*judizial*)
- Lobrede (*laudativ*)
- beratende (*deliberativ*)

2. Die Produktionsstufen

Dies sind Stufen der Generierung öffentlich wirksamer Äußerungen, von der ersten Idee bis hin zum Auftritt. Die Produktionsstufen der Rede sind die Teile der Rede nach Quintilian (*rhetorices partes*) oder auch *officia oratoris*. Sie werden unterschieden in:
- *inventio* (Erfindung)
- *dispositio* (Gliederung)
- *elocutio* (Einkleidung in Worte)
- *memoria* (Einprägen der Rede)
- *pronuntiatio/actio* (Vortrag)

Anhand des Handwerksfeldes »Schreiben fürs Hören« werden die Produktionsstufen praktisch (vgl. S. 121). Alle Stufen sind aktuell, außer der *memoria*. In der klassischen Rhetorik waren schriftliche Notizen teils verpönt, bei Gerichtsreden vielfach ausdrücklich untersagt. Eine der wichtigen Aufgaben des Redners war es also, sich die Rede einzuprägen. An den humanistischen Schulen wurden dementsprechend die Reden auswendig gelernt und gehalten. Zeitweise war ein niedergeschriebenes

Elemente der Rede				
Gedanken (res)			Sprache (verbum)	
1. Erfindung der Gedanken (inventio)	2. Gliederung der Gedanken (dispositio)	3. sprachliche Darstellung der Gedanken (elocutio)	4. Memorieren der Rede (memoria)	5. Vortrag der Rede (pronuntiatio)

Quelle: Göttert, 25

Konzept nur den älteren Rednern erlaubt, besonders wenn sie mit vielen Aufgaben betraut waren. Das wäre auf heutige Spitzenmanagern anwendbar, Auswendiggelerntes ist aber nicht praktikabel, weil man das dem Sprechstil anmerken würde. Die Kunst des Auswendiglernens kann heute entfallen, weder ist es Spitzenmanagern zuzumuten noch gäbe es Chancen darauf, daß solche Äußerungen wirken.

3. Die Redeteile

Die Gliederung der Rede folgt der Redesituation:
1. *exordium* (einleiten)
2. *propositio* (den Kern der Sache entfalten)
3. *narratio* (Die Sache darstellen – »erzählen«)
4. *argumentatio* (Für und Wider erörtern)
5. *peroratio* (auf eine Meinung hin zuspitzen)

Das *exordium* spricht die Situation (der Hörer!) an und stellt den Bezug zwischen Redendem und Publikum her. Ein Spezialfall ist die *insinuatio*, die bei besonders heiklen Themen notwendig wird (*genus admirabile*). Sie besteht in der Kunst, sich den Zuhörern einzuschmeicheln. Das *exordium* wird in der Produktion zum Schluß entwickelt. Auch hier zeigt sich das Zielgerichtete am rhetorischen Prinzip.

Die *propositio* als Hinführung beschreibt die Situation genauer mit einer Ausgangsfrage (*questio*), schon aus parteilicher Sicht. Die Issues, die im *exordium* angeklungen sind, werden als Gegenstand (*subjectum*) benannt und dessen Aspekte angeben, unter denen sie bewertet werden. Die *narratio* »erzählt« und entfaltet. Außerdem ist es bei der Erzählung notwendig, bereits parteiisch zu sein. Das heißt, es soll nur das erzählt werden, das dem Redezweck nicht schadet.[12] In persuasiven Reden ist eine *narratio* oft überflüssig, weil sie nicht auf Wirkung hin denkt.

Die *argumentatio* befaßt sich mit den Beweisen:

1. Erklärungen von Sachverhalten, die nicht rhetorisch (wirkungsinteressiert – hörerorientiert – peruasiv) sind (*probationes inartificiales*), etwa Indizien (*signa*),
2. Argumente rhetorischer Art (*probationes artificales*). Die eigentlichen Beweise (*argumenta*) und Beispiele (*exempla*), schließlich gemeingültige Sätze (*sententiae*),
3. die *Probationes artificalies*, die Schlußfolgerungen. Aus einer wahren

Aussage wird durch Schlußregeln eine Aussage zu Strittigem hergeleitet, die praktisch richtig ist: Der Kaiser ist ein Mensch. Alle Menschen sind sterblich. Der Kaiser ist sterblich. Eine der häufigsten Formen der Beweisschlüsse (*conclusiones*) ist das Enthymem. Es ist die Ableitung eines Einzelfalles von einer nicht strittigen Aussage.

Die *peroratio* als Schluß der Rede faßt das Gesagte zusammen. Dies geschieht parteiisch. Das ist der Platz des Redezieles, des eigentlichen Zielsatzes. Die Aussagen werden pointiert und der Affekt angesprochen, als Ausdruck (*pathos*) oder als Bezug auf den Redner (*ethos*).

4. Die Lehre von den Status

Aus der griechischen Gerichtsrhetorik stammt die Statuslehre:[13] Was ist der Gegenstand und wie ist sein Verhältnis zu allem Übrigen? Unterschieden wurden hier Thesen und Hypothesen. These ist das Allgemeingültige (*questiones infinitae*), Hypothesen sind Einzelfälle (*questiones finitae*). Weil es bei allem Strittigen partiell wie bei Gericht zugeht (das forensische Paradigma der Rhetorik), kann die Statuslehre auch für Issues Management und Public Relations relevant sein. Die alte Statuslehre sah vor, daß jeder Redeinhalt in sieben Umständen wiederzufinden sei:
– Personen
– Handlungen
– Zeit
– Ort
– Motiv
– Art und Weise
– Hilfsmittel.

Jedes Problem, jede Liste von Redeinhalten, jeder Äußerungsinhalt läßt sich auf diese Status zurückführen, konkrete Umstände des jeweilig Strittigen (»issue«). Die Statussystematik ist also eine Art Folie, auf der sich Einzelfälle beurteilen lassen. Weiter ausgearbeitet sind moderne Modelle der Sprechsituation.[14]

5. Denkstil – Sprachstil – Sprechstil

In der jüngeren Geschichte der Rhetorik war das Prinzip »von der inventio zur actio« keineswegs der einzige Weg. »Vom Kopf auf die Füße« glaubte ein Sprechkundler Anfang des letzten Jahrhunderts[15] die antike

Rhetorik stellen zu müssen, indem er die Redevorbereitung von der *actio* her aufzog. Heutige Sprech- und Redelehre muß darauf achten, die Performanz wieder auf die Beschäftigung mit dem Inhalt zu gründen, um nicht an der Oberfläche zu bleiben. Methodisch heißt der Weg: Vom Denkstil über den Sprachstil zum Sprechstil.

Denkstil

2500 Jahre alt ist die Forderung nach einer kohärenten Gedankenführung. Der Begriff der Logik ist nicht ganz korrekt, denn sie ist eher eine Hilfsdisziplin, also nicht nur strenge Deduktion.[16] Aber auch induktive Beweisverfahren brauchen etwas ähnliches. Deshalb ist der Begriff Stringenz brauchbarer. Stringenz ist Ausdruck und Voraussetzung des schrittweisen Entwickelns und Zustimmens. Der Denkstil der überzeugenden Äußerung zeigt sich im Zielsatz-Prinzip der Botschaft.

Sprachstil

Der Sprachstil ist die alte *elocutio*. Sie verlangte, die sprachlichen Fähigkeiten des Redners in möglichst positivem Licht erscheinen zu lassen. In der publizistischen Schreiblehre leben noch Reste der Tropologie fort. Bei Gebrauchsreden der PR und im Management müssen wir vorsichtig sein mit einer weiteren Forderung, der Funktion der *ornatus*, Redeschmuck. Angemessenheit des Sprachstils (*aptum*) war verlangt und oft nur wenig Schmuck. Der Sprachstil äußert sich in den Satzformen (Satzlänge, Satztiefe/Verschachtelung, Stellung des Satzkernes) und in den Worten (Alltagssprache oder Fach- und Fremdwörter etc.). Alte rhetorische Qualitätsforderungen sind Einfachheit und Klarheit im Satz. Wirklich gut gemachte Vereinfachungen findet man dagegen nur in wenigen Texten. Das mag an ihrer stillschweigenden Voraussetzung liegen, daran, daß gute Vereinfachung eine Durchdringung der Dinge voraussetzt. Klarheit des Stils ist Klarheit des Denkens. Kurze Sätze sind kein Wert an sich, sondern Ergebnis der Vorbereitung. Der *ornatus* im Sprachstil darf nicht Selbstzweck sein, was auf das Problem Inhalt und Form verweist. Wenn Wirkung das Ziel der Public Relations-Praxis ist, sind Kenntnisse notwendig. Hier wird deshalb darauf verzichtet, weil diese sich in den Stilistiken für den Journalismus wiederfinden.

Sprechstil

Der Sprechstil ist die alte *pronuntatio* oder *actio*, die Performanz des Redenden, bis hin zu Stimme (*vox*), Haltung und Bewegung (*motus*), Gestik und Mimik (*sermo corporis*) und Sprechausdruck. Die Vortragskunst wurde teils als bedeutsam geschätzt (Cicero), teils mit Vorsicht gesehen (Aristoteles).[17] Cicero kannte schon verschiedene Stimmregister: hoch, mittel und niedrig. Zum Sprechstil gehören etwa Lautheit der Stimme und Klarheit der Aussprache bis hin zur korrekten Betonung. Demostenes ist bis heute als Klischee lebendig als der, der mit den Steinen im Mund gegen die Meeresbrandung anredete. In der heutigen Schwundstufe der Rhetorik wird ähnliches mit einem Korken versucht. Solches Sprechtraining ist für die PR nicht zu gebrauchen. Berater-Prinzip ist, insbesondere im Executive Coaching mit dem Klienten: Vom Inhalt zur Form, vom Denkstil zum Sprechziel.

Dimensionen des Rhetorischen

Hinter System und Methode liegen Haltungen, Prinzipien und Auftrittsziele. Diese Dimensionen lassen sich dialektisch an ihrem jeweiligen Gegenteil zeigen: Logik und Psychologik, Handeln und Verhalten, Überzeugen und Überreden, Wahrheit und Wahrscheinlichkeit, Sein und Schein, Inhalt und Form.

Logik und Psychologik

Dieses oder jenes in den Ausführungen sei nicht logisch, sagen wir. Das ist nicht präzise, denn genauer müßten wir sagen: es scheint uns nicht logisch. Die Gegenstände sind nicht unumstößliche Dinge, die nach festen Regeln wiederum zu Unumstößlichem (Evidentem) werden. Die Logik ist eine Grundlage des Denkens. Sie stellt Muster bereit für die schlüssige Verknüpfung praktisch richtiger Sätze. Zahlen und Fakten aber bedürfen nicht der Beweisführung, weil sie durch Nachprüfung und Augenschein evident werden. Ihre Interpretation allerdings ist eminent rhetorisch,[18] sie können diesen, aber auch jenen Umstand stützen bzw. wahrscheinlich machen. Wenn von Logik die Rede ist, ist aber auch Psychologik gemeint: verständlich, stringent, zielgerichtet, all dies sind Eigenschaften, die nicht nur der Logik gehören.

Das Aristotelische Wort – Rhetorik als die Kunst, das Glauben Erweckende zu finden – wäre nicht zu verstehen ohne die Affektenlehre seiner »Rhetorik«. Für dieses Glaubenerwecken rät er dem Redner, sich nicht nur auf sein *ethos* zu verlassen, sondern die Wünsche, Hoffnungen und Gefühle der Hörer zu antizipieren und seine Überzeugungsmittel daran auszurichten. Das »Glaubenerweckende« gibt es nur in bezug auf bestimmte Hörer, Situationen, nie generell. Wirksame Rede setzt Vermutungen, wenn auch nicht immer sicheres Wissen über die Seelenzustände voraus. Es setzt auch andere Eckdaten voraus. Heute gibt es dazu Wirkungsuntersuchungen.[19]

Alle wirksamen Überredungs- und Überzeugenstechniken schließen an Hörererwartungen an. Schon Platon hatte seine Rhetorik im Affront gegen seinen Pappkameraden Sophistik eine »Seelenführung« genannt, eine *psychagogia*.[20] Das Ansprechen von Wünschen, Werten und Interessen unterscheidet rhetorisch gewonnene Überredungen oder Überzeugungen von einer bloßen Rationalität. Diese »Doppelstruktur des Argumentativen«[21] ist die Verknüpfung von Geist und Seele. In der Massenkommunikation ist das besonders kritisch, in den Worten des Ladenhüters Le Bon:

> So muß die Masse, die stets an den Grenzen des Unbewußten umherirrt, allen Einflüssen unterworfen ist, von der Heftigkeit ihrer Gefühle erregt wird, ... alles kritischen Geistes bar, von einer übermäßigen Leichtgläubigkeit sein.[22]

Psychologik beeinflußt die Urteilskraft. Will der Redner zum Beispiel Zorn erregen, dann ist der Gegner in einer Rede als solcher schuldig darzustellen, worüber alle gewöhnlich Zorn empfinden, sagt Aristoteles und empfiehlt hier: Zunächst die Hörer in eine Stimmung der Unlust über die Situation zu versetzen, sodann muß das Objekt des Affektes genannt werden, und schließlich ist der Grund des Affekts zu nennen.[23] Das Beispiel des New Yorker Anwalts Edward Fagan, der Holocaust-Opfer gegen deutsche Banken und Versicherungen vertritt, zeigt, daß jenseits jeder Rationalität forciertes *pathos* – unterstützt durch gezielte Medienauftritte – selbst im durchrationalisierten Gerichtsverfahren als Überzeugungsmittel dienen können.

Die eher psychologische Rhetorik spricht den Willen an: »Der menschliche Geist ist kein reines Licht, sondern erleidet Einfluß von dem Willen und den Gefühlen«. Wir haben es zu tun mit jenen »Wissenschaften für alles, was man will«, denn »was man am liebsten als das Wahre haben mag, das glaubt man am leichtesten«,[24] schrieb Francis Bacon. Ein heikles Feld; »falsches Bewußtsein« ist Bestandteil fast aller Ideologie-Definitionen. Diese »falschen Wünsche«, Bacons »Idole«, stellen Wünsche nach »passender« Wirklichkeit dar. Auch an diese schließt überredendes/überzeugendes Reden an. Jedes Reden kann auch den Hörern nach dem Mund (oder nach dem Bauch) reden heißen. Trotz aller Ideologiekritik: Wünsche, Willen und Gefühle aber können Bewußtsein trüben. PR erreicht hier ihre Grenze. Wenn Thomas Haffa auf der Hauptversammlung der EM.TV AG auf dem Höhepunkt des Börsenhypes die Arme ausbreitet und sagt: »Ich spüre, daß wir ein ganz Großer werden in der Welt des Entertainments«, dann wird massiv Bewußtsein getrübt, vermutlich schon auf seiten des Redners.

Die Sozialpsychologie hat seit den Yale Studies in den 50er Jahren eine Annahme nur immer weiter bestätigt: Auf die Beschaffenheit des Redenden kommt es an. Bausteine des Kredits, den man dem Redner zubilligt (»credibility«), sind persönliche Bekanntheit, Prominenz, Sachkenntnis, Annahme der Unparteilichkeit und sozialer Status, vorausgesetzt, dies korrespondiert mit der Überzeugungs- oder Überredungsbereitschaft (»persuability«) der Hörer. Auch eine Ähnlichkeit mit dem Hörer führt zu besseren Chancen der Überzeugung.[25] Deshalb ist es, um ein Beispiel zu nennen, ein Gebot der Dresscode-Beratung, das Publikum nicht durch eine abweichende Erscheinung zu brüskieren.

Psychologik in den Public Relations dient immer auch der Machtrepräsentanz der auftretenden Repräsentanten. Diesen Umstand gilt es maßvoll umzusetzen, weil ein überzogener »Nimbus« des Redenden im Einzelfall kritische Fähigkeiten des Publikums lähmen kann.[26] Heute heißen solche Phänomene Charisma, als eine generelle Anziehungskraft des Auftretenden, die nicht nur in seiner Rede liegt. Nicht selten wird versprochen, Charisma lehren zu können. Seit Auftritte von Vorständen häufiger werden, versuchen sich die Buch-Ratgeber in diesem Feld.[27] Charisma kann PR insofern nur unterstützen, indem der Auftritt wirkungsvoll inszeniert wird. Training von Charisma, was alle Ratgeber behaupten, ist nicht möglich, die Unterstützung gelingt allenfalls, wenn Charisma als ein Bündel von Kenntnissen, Handlungsweisen und Fertigkeiten sinnvoll reduziert werden kann. Nur diese lassen sich im Executive Coaching verbessern – auf der Basis vorhandener Fähigkeiten. Charisma ergäbe sich dann mittelbar aus Können, dessen spürbarem Erfolg und der Rückmeldung, nicht aus Machtrepräsentanz um jeden Preis. Rhetorik und Public Relations tun gut daran, sich auf dieses Feld mit Vorsicht zu begeben.

Handeln und Verhalten

»Man kann nicht nicht kommunizieren«, dieser Satz von Watzlawick, Beavin und Jackson hat wie kaum einer sonst Unheil angerichtet. Er befördert das Mißverständnis, »Verhalten« allein sei Kommunikation. Ein nicht beweisbarer Grundsatz von Kommunikation, der begeistert aufgegriffen wurde. Das Watzlawicksche Axiom sagt: Voraussetzung, um von Kommunikation sprechen zu können, sind zwei Systeme: jenes der Informationsabgabe und jenes der Informationsaufnahme. Bei der Informationsabgabe kann wieder zwischen zwei Haupttypen unterschieden werden, nämlich zwischen beabsichtigter (intentionaler) und nicht beabsichtigter (nicht-intentionaler). Allein damit ist die nicht beabsichtigte Informationsabgabe angesprochen. Allein dadurch, daß ein Mensch (bzw. ein Lebewesen oder auch nur ein Organismus) existiert, sich kleidet, sich im Raum oder in der Zeit bewegt usw., können von anderen Menschen Informationen über Gestalt, Aussehen, Bewegungen, Zugehörigkeit zu einer sozialen Gruppe, Gemütszustand entnommen werden, ohne daß die Person beabsichtigt, solche Information gezielt über sich abzugeben.[28]

Dieser verhängnisvolle Satz nivelliert die bedeutende Unterscheidung zwischen Verhalten und Handeln. Die Unterscheidung von intendierter Kommunikation und von bloß anzeigender oder aufgesetzter Kommunikation ist wesentlich. Verhalten ist Reagieren im Kurzschluß oder »Handeln im Reflex«[29] gegenüber Handeln mit Reflexion. Genau diese Reflexion aber muß auf beiden Seiten möglich sein. Spitzenmanager fordern sie in der Auftrittsberatung (»corporate speaking«) ausnahmslos ein; sie wollen Begründungen und setzen nur das um, was sie überzeugt und paßt.

»Verhaltensrhetorik«[30] erfüllt breite Teile des heutigen Rhetoriktrainings. »Verhalten in Präsentationen«, »Verhalten vor der Kamera« sind die beliebtesten Trainings-Titel. Verhalten unterscheidet sich aber gewaltig von dem, was als strategisches Ziel überall in der PR-Theorie genannt wird: langfristiges Vertrauen, Glauben der Botschaft. Zuallerletzt ist dieses Handeln durch irgendeine Art von »programmieren« zu erreichen. Es ist ein Unterschied, ob ein Sprecher authentisch ist oder ob er gelernt hat, authentisch zu wirken, ob er zuhört oder »Zuhören signalisiert«. Neben den Programmierungstechniken aller Couleurs basieren Teile des positiven Denkens auf Verhalten. Sie bleiben auf der Oberfläche. Der Seminarmarkt unterstützt das durch Masse, aber zweitägige Seminare mit bis zu 15 Teilnehmern, was ein individuelles Training unmöglich macht, können kaum Haltungen und Handeln verändern.

Dem Verhalten wird viel zugemutet. Ein Beispiel, in dem zentripetal, von außen nach innen, gearbeitet wird: »Wer sein Verhalten ändert, ändert auch seine Einstellung... Wer seine Verhaltensweise, z.B. seinen mimischen Ausdruck, seine Atemtechnik u.a. verändert, verändert seine Einstellung.«[31] Solche Sätze haben verheerende Folgen. »Ein Teil der Trainingsbranche bezieht aus solchen Sätzen die Legitimation, aus »Stimmfülle« gleich »Erfolg« abzuleiten, aus »Atemtechnik« »Charisma«. »Der ungedeckte Scheck«[32] solcher Ratgeber- und Trainingsversprechen wird offenkundig, wenn man den mageren langfristigen Erfolg solcher Trainings ansieht. Wenn Beratung auf Auftritte vorbereitet, muß sie auch auf Haltungen zielen und bauen. Daß gerade dieses nicht »lehrbar« ist, liegt auf der Hand. So bleibt nur Handwerk.

Handwerk besteht nicht nur aus Techniken. Techniken führen schnell und oft unbemerkt zu bloßem Verhalten, das daraus abgeleitet ist, wie die Person glaubt, sich »verhalten« zu sollen. Bloße Verhaltenstechniken machen (nicht nur das Coaching) leicht, weil sie ohne Begründung auskommen. Oft werden fertige Muster für Antworten oder für Gestik und Mimik gewünscht. Was aber für den einen passend ist, geht dem anderen nicht über die Lippen. Der Klient kann sich zwar so verhalten wie vorgeschlagen, wird aber damit schwerlich überzeugen, weil dieses Verhalten als aufgesetzt empfunden werden kann.

Verhalten und Handeln	
Verhalten	Handeln
programmiert	selbstüberzeugt
kann unmotiviert geschehen	selbst verantwortet, hält an
unter Anleitung eingeübt	unter Anleitung erfahren

Auf Verhalten zielen viele Konzepte der »Körpersprache«. Thesen eines rührigen Pantomimen etwa, dessen Aussagen über den Verdacht erhaben sind, sie seien empirisch belegt,[33] haben eine ganze Branche infiziert, mit erheblichen Folgen. Gefährlich an der häufig zitierten »Körpersprache« ist vor allem, daß sie, einmal »trainiert«, im Einzelfall dem Partner verfälschte Signale gibt.

Auf Verhalten basieren viele interne Kulturprogramme von Organisationen, alle Doktrinen, alle Visionen und Missionen, die lediglich in einem Repertoire von Anweisungen versickern, nicht selten in quasi-militärischen Durchsetzungskaskaden.[34] Ziel ist ein Befolgen, das gemessen werden kann. Dahinter steht die Vorstellung, am oberflächlichen Verhalten die Wirkung und gar Einstellung von Mitarbeitern und Führungskräften ablesen, kontrollieren und verbessern zu können.

Es kann also in derjenigen Rhetorik, die hier für die Public Relations nutzbar werden soll, nicht um Verhalten gehen – also nicht um das Einüben von Gesten und Formulierungen. Es geht um Inhalte und Begründungen.

Überzeugen und Überreden

»Marketing ist persuasive (überredende) Kommunikation, eine Anstrengung, die nichts will als Verkauf.[35] Public Relations dagegen sind langfristig orientiert, Ziel ist »Glaubwürdigkeit«. Die eine Schwester glaubwürdig, die andere nicht? Das wäre Hybris, und es setzte eine Unterscheidung voraus, nach der seit Jahrtausenden gesucht wird. Zentralkategorie des Rhetorischen ist Zustimmung, diejenige Anerkennung, die in zwei verschiedenen Prozeduren geschehen kann: Überzeugen und Überreden.

Diese alte Differenz lebt heute in dem Begriff »Glaubwürdigkeit«. Kaum ein Etikett wird so sehr strapaziert wie dieses. Bezogen auf auftretende Personen heißt das, nur dann, wenn sich die Erwartung erfüllt, daß dessen Aussagen richtig sind und sein Handeln mit seiner Rede übereinstimmt bzw. übereinstimmen wird. Dieser Bonus gilt nicht auf ewig. Deshalb ist es unzutreffend, Organisationen als glaubwürdig zu charakterisieren. Klassisches Beispiel sind die publizistischen Anstalten ARD und ZDF, die »Glaubwürdigkeit« immer wieder von sich selbst behaupten. Glaubwürdigkeit läßt sich nicht abnötigen, sie ist Ergebnis von Erfahrung. Das alte *lógon didónai*[36] definiert Glaubwürdigkeit als Verantwortung des Gesagten. Niemals ließ sich für das Strittige (»issue«) überzeugend argumentieren ohne den Bezug auf den Redenden selbst und ohne Bezug auf die hinter den »Fakten« liegenden Beziehungen (»relations«). Für Zustimmung argumentieren heißt, »sich auf ein Gespräch einlassen«. Der Repräsentant kann nicht nur verlautbaren. Und das heißt auch, in Platons Worten, »daß er Rede stehen muß über sich selbst.«[37] Das *lógon didónai* ist das Einstehen der eigenen Person selbst für die Richtigkeit der Aussage. Das trägt langfristig zur Überzeugung bei.

»Glaubwürdigkeit« meint in den Public Relations die jeweilige Organisation.[38] Redet deren Repräsentant aber, dann sind dessen Defizite zugleich die der Organisation. Es kommt auf den Redner an, allerdings raten Untersuchungen zur Vorsicht. Der »sleeper-effect« besagt, daß die Wirkung einer glaubwürdigen Quelle über Zeit nachläßt (einschläft), nicht aber deren Botschaft. Es bleiben also im Einzelfall die Quelle und deren Qualitäten im Hintergrund. Glaubwürdigkeit des Redners ist dann nur noch ein geringes Kriterium. Ein Begriff wie »Glaubwürdigkeit« ist ohnehin für die praktische Arbeit schwer brauchbar, denn:

1. Glaubwürdigkeit ist eine Eigenschaft, die immer von außen zugeschrieben ist, in der Hoffnung, das Handeln sei konsistent mit den Aussagen.
2. Glaubwürdigkeit läßt sich nicht einfordern.[39] Statt des Attributes »glaubwürdig« bietet sich »überzeugungsinteressiert« an.[40] Überzeugungsinteressierte Rhetorik und seriöse Public Relations schließen Verhaltenszwänge aus – wie sie im Topos vom Staubsaugervertreter gemein sind.

Die Grenzen sind nicht objektivierbar. Was den Farmer in Ohio überzeugen mag, schreckt manchen Europäer ab. Wenn George W. Bush einige Stunden nach dem Beginn des Afghanistan-Krieges 2002 in einer Fernsehansprache sagt, ein kleines Mädchen habe ihm einen Brief geschrieben, es sei zwar traurig, daß ihr Vater nun in den Krieg zöge, aber es sei ja doch für eine gute Sache und sie sei stolz auf ihn, weil es ja gegen das Böse und für das Gute in der Welt sei, dann ist das sicher nicht nur ekelhaft, es könnte zudem außerhalb bestimmter Gegenden der USA nicht überzeugen. Solche und andere Extremfälle werfen die Frage auf: Wieweit darf man gehen? Daß die Borniertheit der Politik immer die ihrer Wähler ist, mag auch für Unternehmen und Verbände gelten. Kritikabstinenz des Hörers aber legitimiert noch nicht den Kurzschluß des Verstandes mit Methode, weder ethisch, noch ganz praktisch unter dem Wirkungsaspekt. Was sich »bei Lichte besehen« als unstimmig erweist, ist nicht überzeugend. Der klare Verstand des Hörers unterscheidet. Überzeugende Rhetorik braucht ihn.

Nahe beim Begriff des Überredens liegt das Manipulieren (*manus*, lat. »Hand«). Solange es die Kunst des erfolgreichen Redens gibt, so alt ist dieser Manipulationsvorwurf. In der Rundfunk-Publizistik wird das deutlich. Zum Beispiel schneiden Journalisten aus der Äußerung heraus, was ihrer (persuasiven) Absicht nicht dient. Oft genug wird fortgelassen, was wesentlich für das Beurteilen des Sachverhaltes ist. Manipulation grenzt schon an Zwang und Gewalt, physisch (Prügel, Terror, Folter, Krieg), psychisch (Schmeichelei, Drohung, Denunziation, Mobbing), oder sozial (Nötigung, Befehl, Belohnung, Strafandrohung, Entlassung).[41] Diese Palette zeigt, daß das, was der Angesprochene daraufhin tut, nicht als das letzte Ziel von Rhetorik anzusehen ist. Das Imperative muß nicht überzeugen. Zur Rhetorik gehört Ethik dazu.

Überzeugen, könnte man sagen, ist das redliche Kenntlichmachen aller Umstände, die dem Hörer (TV-Zuschauer) ein kritisches, eigenes Bild ermöglichen. Publizistischer und rhetorischer Anspruch fallen so weit nicht auseinander. Überreden ist u. a. das Steuern des Bewußtseins, das Kritik verhindert, mit Aussagen, die der Hörer nach eigener Recherche und mit klarem Verstand nicht teilen würde.

Eigenes Überzeugtsein ist zielführend, aber – entgegen freundlicher Annahmen – nicht notwendige Voraussetzung. Zudem ist es nicht lehrbar. Nur der Überzeugte kann überzeugen, das stimmt leider nicht. Aus solchen Alltagsvorstellungen kommt der Topos vom »Brustton der Überzeugung«. Daraus zieht der Coaching-Markt den Schluß, den Brustton zu trainieren. Nur nützt Stimmtraining oft wenig. Der Ton ist nur ganz am Ende physiologisch, denn die Überzeugungskraft sitzt nicht im Zwerchfell. Er ist oft genug prätendiert, und nicht wenige Ratgeber leiten dazu an. Manches »Selbstbewußtseinstraining« etwa zielt nicht auf Selbstbewußtsein, sondern auf den Eindruck von Selbstbewußtsein. Der überzogene Einsatz sprecherischer Mittel – Dynamik, Spannung – täuscht nur vor, und die Form befördert oft genug die Überredung, indem Ausdruck und Eindruck auseinanderfallen. Diese Differenz wird nicht immer als solche erlebt, und genau darauf spekuliert Überredung. Es gibt also auch physiologisch keine Garantien für gelingende Überzeugung, denn »Überzeugungen sind so wenig hörbar wie die Stimme des Gewissens.«[42]

Rhetorische Kommunikation via Internet scheint gute Chancen zu bieten, Überzeugen zu ermöglichen. Vergleichen ist möglich, ebenso Zurückweisen ganz ohne Hierarchien und Macht. Allerdings scheint die Euphorie über die demokratische, kritische und aufklärerische Potenz des Internets fragwürdig angesichts der E-Mail-Rhetorik kommerziell und ideologisch motivierter Absender. Daß alle, die vernetzt sind, mitreden können, daß all diese ihre Meinung sagen können, heißt noch lange nicht, daß hier Überzeugen bessere Chancen hätte als Überreden.[43] Meinung will begründet sein, wo sie überzeugen soll. Das ist im Internet nicht die Regel. Es werden Informationen gegeben, aber selten rhetorisch gut Aufbereitetes. Redende Köpfe sind noch immer selten, und wenn, genügt die Qualität nicht, den Sprechausdruck prüfen zu können.

Praktisch läßt sich das an einer Fragenkette durchdeklinieren: Stimmt der Hörer nur deshalb zu, oder weil ihm gerade nichts zu erwidern einfällt, oder er den Redner für kompetent hält, vielleicht weil dieser »das Sagen« hat, oder weil er aus der Situation entkommen und seine Ruhe haben will? Das kann heißen, daß er oder sie überredet worden ist. Überzeugt sein setzt voraus, Raum für Kritik und Nachfrage zu haben, wenn der Redner sich prinzipiell, gute Gründe vorausgesetzt, auch vom Gegenteil überzeugen ließe. Überredete Zustimmung allein dagegen ließe sich »erheischen«, wie man sagt. In Quintilians Definition des rhetorischen Zieles scheint das durch: »die Menschen durch Reden zu dem zu bringen, was der Redner will«.[44] Was »nach allen Regeln der Kunst« Verhalten ändert, muß also noch nicht überzeugend sein, auch wenn der Hörer zunächst tut, was der Redner will. Nicht jede Zustimmung fußt auf Überzeugung.

»Der Probierstein des Fürwahrhaltens, ob es Überzeugung oder bloße Überredung sei, ist also äußerlich die Möglichkeit, ... das Fürwahrhalten für jedes Menschen Vernunft gültig zu befinden.«[45] Die Kantsche Definition setzt auf den klaren, unvernebelten Verstand. Heute sind wir damit vorsichtig geworden, wir reden von Einstellungen. Einstellungen lassen sich allerdings schwer messen. Entweder man geht psychobiologisch vor und mißt schlicht Pulsfrequenzen, oder man beobachtet – wieder nur – Verhalten. Weder Empirik noch Theorie rücken also die Kriterien heraus, mit denen wir Überreden und Überzeugen trennen können. Es gibt kein externes Unterscheidungskriterium. Public Relations-Beratern als auch Gesprächs- und Redelehrern bleibt nur, »nach bestem Wissen und Gewissen« zu arbeiten und nicht nur »nach allen Regeln der Kunst«.

Immer nur am Einzelfall lassen sich Überzeugen und Überreden unterscheiden. Etwa an veröffentlichten Äußerungen. Vorstände klagen darüber, daß ihre Kommunikationsstellen zu ängstlich sind, klare, auch selbstkritische Aussagen zu veröffentlichen. Dem Spitzenmanagement vorgelegte Redeentwürfe leiden daran, daß sie zu affirmativ sind, überredend statt überzeugend. Das fällt in unpersönlichen Texten weniger auf, und abermals erweist sich das Vorbild Pressemeldung als ungeeignet. Als Beispiel mag eine Verlautbarung eines US-Unternehmens dienen: »Das Führungsteam brach spontan in einen lang anhaltenden Beifall aus und erhob sich als Zeichen seines Respektes für seinen neuen Führer«. Das, zum Beispiel, kann nicht überzeugen.

Rhetorik und Public Relations gehen strategisch vor. Das bedeutet, Berater müssen ihre Ziele kenntlich machen, und sie sollten nicht kurzfristige Erfolge anstreben, also nicht nur überreden wollen.

Wahrheit und Wahrscheinlichkeit

»Nackte Tatsachen« gibt es in der Rhetorik nicht. Dieser Mangel gerade ist ihre Chance. Das »Mängelwesen«[46] Mensch schafft sich Behelfe, die Not zu überstehen, indem es argumentiert. Die Differenz von *verum* und *verisimile* beschäftigt seit Jahrtausenden die Köpfe. Diese Not machte erfinderisch, sie führte zu dem Begriff des »Für-Wahr-Haltens«, der spätestens seit Kant in der Welt ist. Rhetorik geht es um Wahrscheinlichkeit,[47] dem Wahr-Scheinen und dem Zustimmen des Publikums. Was die größte Glaubhaftigkeit begründen kann, dem wird zugestimmt. »Was alle glauben, das behaupten wir, ist richtig«, sagt Aristoteles.[48] Und genauer: »Wahrscheinliche Sätze aber sind diejenigen, die allen oder den meisten oder den Weisen wahr erscheinen, und auch von den Weisen entweder allen oder den meisten oder den Bekanntesten und Angesehensten.«[49] Das sagt ganz nebenbei, daß schon die frühen Rhetoriker die PR – Bekanntheit und Image – mit der Rhetorik verwoben hatten. Es zeigt vor allem: Das Feld der Rhetorik kann – das unterscheidet sie von der Philosophie – allgemeingültige Wahrheit nicht sein.

Eine Botschaft nützt nichts, solange sie nicht für praktisch richtig gehalten wird.[50] Selbst in der Gerichtsrhetorik ist das Wahre nur zu finden über das Vehikel des Wahrscheinlichen. Zeugen und Angeklagte müssen live vernommen werden, nicht über Telefon, Brief und E-Mail. Auch der Sprechausdruck, das Gebaren, Mimik und Gestik sind mitentscheidend. Der Befund des Wahren »steht anheim«, wie die Juristen sagen; die Entscheidung wird getroffen »nach bestem Wissen und Gewissen«. Die »Zielgruppe« – in der Antike die Schar der Laienrichter – entscheidet.

Aus solchen Einsichten entwickelten sich Modelle, die Rhetorik als »das Prinzip vernünftiger Rede«[51] definieren. Die Not der praktischen Vernunft setzt der Diskussion Grenzen. Jedes Reden muß ein Ende haben, wo unser Handeln beginnen muß. »Der vernünftige Mensch hat gewisse Zweifel nicht.« Was Friedrich Nietzsche in diesen Satz goß, bezeichnet den Umstand, daß praktisch vernünftig ist, was richtig scheint.

Suchen wir weiter bei der Schwester PR. Noch immer lebt im Journalismus ein Begriff der öffentlich-rechtlichen Statuten der fünfziger Jahre, der Wahrheit oder Richtigkeit zu einer merkwürdigen Kategorie zurichtet. »Ausgewogen« soll das Berichten in öffentlich-rechtlichen Sendern sein. An Prägnanz nicht zu übertreffen ist die Äußerung eines namhaften Fernsehjournalisten:[52]

> Ich warte auf den Tag, an dem wir der Ausgewogenheit zuliebe bei einem Bericht über die Hitlerschen KZs einen alten Nazi vor die Kamera holen müssen, der dann feststellt, die Konzentrationslager hätten schließlich auch ihr Gutes gehabt.

Die Journalistik redet heute vorsichtiger von Objektivität und Neutralität und weiß selten, was sie damit meint. Aber auch hier geht die Praxis rhetorisch vor. Journalisten entscheiden eher, worüber wir uns aufregen sollen.[53] Aufregend ist die Meldung über Vorstandsbezüge in Millionen-

höhe, zur Information trägt das nur begrenzt bei. Aufregend ist es, wenn das »Manager Magazin« berichtet, welches Auto der Deutschland-Chef einer Strategieberatung fährt, aber informiert ist damit niemand. Das publizistische Aufregen ist eine rhetorische Kategorie, weil sie Bewußtsein verändert und Handeln beeinflußt. Das hat nur wenig mit »Informieren« zu tun. Das ließe sich an den ureigenen journalistischen Darstellungsarten zeigen. In keiner dieser Darstellungsarten findet sich praktisch wieder, was Journalisten als Schibboleth vor sich her tragen. Reine »Informations-Übertragung« gar mit Objektivitäts-Anspruch stellt sich als unrealistisch heraus. Auch Journalisten müssen rhetorisch vorgehen. Die Kriterien für journalistische Darstellungsformen sind am Anfang illusorische und, je weiter die folgende Liste fortschreitet, am Ende »rhetorische«:
- Wahrheitsziel,
- Relevanz,
- Informationsgehalt,
- Erlebnishintergrund,
- Situation.

Besonders Erlebnishintergrund und Relevanz sind rhetorisch – für die Information als solche wären sie unwichtig. Das zeigt sich am Rundfunkjournalismus. Zusehends wird am Hörer angeschlossen. Auch die Dokumentation ist rhetorisch, denn sie beschreibt nicht nur, sondern wertet auch: Wahrscheinlichkeit statt Wahrheit. Der »gebaute« Beitrag in Radio und Fernsehen trägt schon im Begriff und in der Redeplanung: Nennung des Ereignisses, Erläuterung des Hintergrundes, Schildern des Resultats, schließlich Beurteilung des Ereignisses. Möglich ist ein Aufbau, der noch die Nachricht selbst an den Anfang stellt, – dann aber zusätzlich wertet, und dies in der Reihenfolge: Nennung des Ereignisses – Schilderung des Hergangs – Schilderung des Resultats – Beurteilung des Ereignisses. Der Schluß ist oft rhetorisch anzielt und pointiert.[54] Ganz unbestritten rhetorisch sind Glosse und Kommentar. Der Verdacht, daß eher der Hang zum »Gesinnungsjournalismus«[55] zu finden sei, wird verschiedentlich untermauert: Nach einer Studie[56] waren 45% der befragten Redakteure der Ansicht, es sei legitim, wenn ein Rundfunkjournalist seine Sicht in dem jeweiligen Bericht nicht nur einbringe, sondern gar in den Vordergrund rücke. Nicht immer wird sie als solche deklariert.

Suchen wir also – zurück in den Public Relations – Wahrheit in Rede und mehr noch im Redner, mit Begriffen, die aus der Mode gekommen sind. Wahrhaftigkeit oder Aufrichtigkeit bieten sich an, oder – häufiger – die in der Öffentlichkeitsarbeit ideologisch strapazierte »Offenheit«. Sie gilt als Tugend deutscher Unternehmenskommunikation schlechthin. In Konsequenz würde das bedeuten, allen Kommunikationspartnern alles zur Verfügung zu stellen, ganz unabhängig vom Argumentwert, ganz unabhängig vom (persuasiven) Kommunikationsziel. Der reine Wein ist ein Topos der Ideologie,[57] und die pure Natur keine rhetorische Kategorie.

In den Public Relations raten schon die anerkanntesten Kollegen zum Verlassen des Terrains Wahrheit. Ein Beispiel aus der CEO-Positionierung: »Die Nachfolge sollte als längst verabredet gelten, und der Kreis der möglichen Nachfolger sollte als relativ groß erscheinen. Werden zwei genannt, einen Dritten und Vierten ins Spiel bringen«.[58] Praktische Public Relations bedienen sich weiterer Methoden, die mit der Kategorie der Wahrheit gar nichts anfangen können. Die folgenden Beispiele der PR kommen aus der Rumpelkammer der Rhetorik:[59]
– Fakten selektieren (die immer interpretierbar sind; *disjunctio*),
– wissenschaftliche Studien in die Diskussion bringen (die immer parteiisch sind; *exempla*),
– verdünnen,
– aufblähen (*amplificatio*),
– verstecken und relativieren,
– Aussagen befreundeten Experten in den Mund legen (*prosopopopopeia*),
– verschweigen (*apiosopese*).

Das alles tut Rhetorik immer schon. Das ist das Reizvolle und Gefährliche an Rhetorik und Public Relations zumal. Der letztere Punkt, das Verschweigen von Absicht und Ziel, bezeichnet sicher die Grenze des Erlaubten. Alles andere können legitime Mittel sein. Sie sind geradezu notwendig in dem Maße, wie auf der anderen Seite die Agenten der Medien ihrerseits mit Wahrheiten taktisch umgehen. Nicht selten muß eines dieser Mittel angewendet werden, um vermeintlich schiefe Bilder geraderücken zu können. Insbesondere der Zeitpunkt der Selektion von Wahrheiten ist wesentlich, denn in nachrichtenarmen Zeiten werden Aussagen deutlicher wahrgenommen als in Zeiten größerer Themen. Umgekehrt lassen sich Wahrheiten, die gesagt sein müssen, in turbulenten Nachrichtenzeiten »verstecken«. Wahrheit in den PR hat ohnehin allenfalls im Plural Sinn – als Auswahl aus möglichen Sätzen. Public Relations treffen strategisch-rhetorisch eine Auswahl.

Ein Objektivitätsgebot ist allenfalls den Medien aufzubürden, nicht aber den Akteuren mit Partialinteresse. Reden wir besser von der Zustimmung zu vorgetragenen Sätzen, in den zwei Dimensionen der Unternehmenskommunikation:

– strategisch: Welche Wahrheit stützt die Haupt-Botschaften des Hauses. Welche soll langfristig wirken, welche nur kurzfristig?
– taktisch: Wann, wie breit, in welchem Licht und in welchem Denkstil (Bauform), Sprachstil (Wörter, Satzformen) und in welchem Sprechstil (Tonalität) sollen die ausgewählten Sätze gesagt sein?

Ein Beispiel aus der Medienrhetorik: Kopplungen von zu veröffentlichender Wahrheit mit anderen Sachverhalten relativieren die eine gegen die andere. In einer mündlichen Äußerung von 25 Sekunden beispielsweise kommt es darauf an, an welcher Stelle des Statements welche Wahrheit gesagt wird. Die in der Mitte versteckte wirkt am wenigsten, die letzte am stärksten.[60] Schließlich lassen sich Wahrheiten in einem Satz sagen, aber auch in einer ganzen Kette von Äußerungen. Gibt ein Repräsentant sechs TV-Statements ab, dann kann er von ein und demselben Sachverhalt in allen etwa sechs aufgezeichneten Antworten sprechen. Die beabsichtigte Wahrheit kommt immer im journalistischen Produkt an, unabhängig davon, welches Statements der Autor des Beitrages auswählt. Der Manipulation des Schnittes entspricht auf der Seite des Antwortenden die »rhetorische« Methode der Wiederholung. Anders gesagt: Die Wiederholung immer derselben Aussage ist legitim, denn es ist das Recht des O-Tons, zu sagen, was er sagen will: Die Variation der Frage muß nicht zur Variation der Botschaft führen.

»Die Wahrheit ist keine verhüllte Schönheit.«[61] Entkleidet man solche Sätze ihrer Metaphorik, kommt am Ende mehr heraus als eine Trivialität. Es kommt die Mahnung heraus, daß Unternehmenskommunikation wie Medien besser nicht vorgeben sollten, Wahrheit zu verbreiten. Denn es ließe sich leicht zeigen, daß eine ganze Branche sich selbst belügt, wenn sie es dennoch behauptet.

Sein und Schein

Selbst schon das Leben beruht »auf Schein, Kunst, Täuschung, Optik, Notwendigkeit des Perspektivischen und des Irrtums«,[62] aber spätestens wenn die Schein-Werfer angehen, ist nichts mehr, wie es wirklich ist, meint man. Das »Echte« bleibt verborgen. Was bleibt, ist der Schein.[63] Weil wir den Kern nicht kennen, müssen wir die Oberfläche anschauen.

Während Kant die Philosophie als Wissenschaft von der Aufhebung des Scheins lobte, erscheint die Rhetorik immer schon als ihr Gegenpart, eine Anstrengung, die sich des Scheins methodisch bedient. Es muß diese Kategorie geben zwischen dem Sein und dem Nichts. Weil nur der Schein praktisch zu haben ist, braucht die Rhetorik den Schein als ihr Material.

Rhetorik zielt auf das »In-Erscheinung-treten«[64] Die Erscheinung, der technisch hergestellte Eindruck (»engineering a convincing impression«[65]) ist das Ziel aller Bemühungen und Faktor rhetorischer Wirkung zugleich. Alle drei rhetorischen Funktionen kommen hier zusammen: unterhalten (*delectare*), informieren (*docere*) und bewegen (*movere*). Auch Kategorien des Ästhetischen lassen sich nur im Schein finden: Das schlichte Sein ist weder schön noch erhaben. Es geht um den Aufmerksamkeitswert der jeweiligen Issues,[66] nur dieser verschafft ihnen Relevanz. In der Aufmerksamkeitsindustrie gelten andere Regeln als in der Wissenschaft:

> Bei der Prüfung von Theorien zählen Widerspruchsfreiheit, Tatsachengerechtigkeit und Reproduzierbarkeit der Tatsachen, Reichweite, Einfachheit und Produktivität. Bei der Beschaffung von Aufmerksamkeit zählen darüber hinaus Witz, Unterhaltungswert, modischer Sitz, richtiger Stallgeruch und gute Beziehungen...[67]

Das Sein macht man meist am Redner fest; aber auch das ist nicht zielführend. Im *vir bonus*-Ideal sind Sein und Schein heimtückisch verquickt. Aristoteles sagt: »Durch den Charakter (erfolgt die Persuasion), wenn die Rede so gehalten wird, daß sie den Redner glaubhaft werden macht; denn den Tugendhaften glauben wir lieber und schneller – im allgemeinen schlechthin – , ganz besonders aber da, wo keine letzte Gewißheit, sondern Zweifel herrscht.«[68] Nicht mehr Aristoteles, aber offenkundig das *ethos* ist objektiv nicht zu fassen – wieder nur über den Eindruck, den Schein der Tugendhaftigkeit. So pflanzt sich ein über das andere mal die Macht des Redners fort: Redet er so, daß er tugendhaft scheint, stellt er dies heraus – dann entsteht nichts als der Schein von Glaubhaftigkeit, der dann wiederum auch auf alle weiteren Kommunikationen abstrahlt.

Wir können nicht durch die Hülle schauen. Medienkommunikation verschärft diese Not. Die Welt, die dargestellt wird, ist nicht dieselbe Welt, in der die Zuhörer und Zuschauer leben. Sie kann auch nicht dieselbe sein, weil sie »produziert« werden muß: Während das Material noch so authentisch sein mag, ist es das Produkt schon nicht mehr. Publizistische Medien wie das Fernsehen sind ohne diesen »Schein authentischer Realität«[69] schwerlich denkbar. Die Unwägbarkeiten des *ethos* der Person wie das Medium selbst, beides hat in einer Kommunikation, in der die Prüfung aus der Nähe nicht möglich ist, drei Folgen:

1. Es werden Intention und Geltung weiter getrennt. Den Anbietern – Sendern und Mediengesellschaften – können wir Wahrhaftigkeit oder gar Aufrichtigkeit nicht zuschreiben. Wer Auftritte vorbereitet, muß daher die Beziehungen zwischen Wirkung und Absicht anders herstellen und umso sicherer vermitteln.

2. Verantwortlichkeit und Zuständigkeit sind getrennt. Zuständig sind Medienhandwerker, die in Bild und Ton Produkte herstellen, aber nicht dafür einstehen. Verantwortlich wären die Betreiber, die aber Verantwortung regelmäßig von sich weisen. Entgegen landläufiger Meinung ist dies bei öffentlich-rechtlichen, gebühren-finanzierten Sendern etwa besonders weit verbreitet.

3. Das rhetorische Prinzip wird verschärft. Medial getrieben verlagern sich Werte wie Glaubwürdigkeit und Vertrauen weiter auf die Schauseite. In medial vermittelten Auftritten und Äußerungen ist der Effekt existenziell, weil die Substanz nur schwer prüfbar ist. Die Köpfe erleben wir nicht von Angesicht zu Angesicht. Das Prinzip bleibt das nämliche: Der Schein bestimmt das Kommunikationsergebnis Eindruck.

Das macht Medienrhetorik nicht generell verdächtig. Es könnte aber umgekehrt eine Motivation sein, sich auch außerhalb medialer Auftritte um den angemessenen Schein zu kümmern. So ergibt sich aus den genannten Gefahren abermals der Ruf nach dem Live-Auftritt von Personen. Die leibhaftige Erscheinung gestattet die Prüfung aus der Nähe und schafft den Kontakt zum Redner.

Dort im Leben das Sein, und hier im Auftritt der Schein, diese Sorge ist unbegründet. Die Teilung von Sein und Schein ist allenfalls gerechtfertigt, wenn sie die Grenze der Mittelverwendung anmahnt. Der Schein darf sich nicht vollständig als Sein ausgeben. Es gibt einen Schein der Originalität der Rede. Ein Beispiel aus der Schwester der PR. Wenn im Journalismus des Fernsehens Vorgelesenes als frei Gesprochenes ausgegeben wird, wird die Tatsache der Textreproduktion verschleiert.[70] Das erreicht auch die Rhetorik des Spitzenmanagements. Der Teleprompter als Vorlesemaschine ist – nur um ein Beispiel zu nennen – die Grenze des redlich inszenierten Scheins.

Wenn die Sache selbst ohnehin nur in ihrer nach außen gekehrten Form zu haben ist, dann hilft es nichts, den Begriff des Scheins bloß negativ zu setzen. Das wirksame Er-Scheinen folgt professionellen Regeln. Die mündlichen Public Relations müssen sie methodisch handhaben.

Inhalt und Form

Die antike Rhetorik unterschied zwischen Gegenständen und Gedanken einerseits und ihrer sprachlichen Formulierung andererseits (*res* und *verba*). Die *res*, die Sachen selbst, sind noch in der alten Rhetorik der Kern der Kunst, die sprecherische Aktion kommt hinzu und entwickelt sich daraus. Die Form ergab sich aus der Beschäftigung, dem Erfinden (*inventio*) und der Anordnung (*dispositio*) der Inhalte. Tausende Seiten des Aristoteles befassen sich nur mit dem Inhalt. Der Inhalt war primär gegenüber der Form. Die Antike forderte für Rhetoriklehrer und Redenschreiber ein besonders breites Wissen, und bis ins 18. Jahrhundert hinein galt die Rhetorik als Grundlage für alle akademische Ausbildung.

Auch das Umgekehrte, das Primat der Form, wird seit langem behauptet. Cicero meint, daß ein mittelmäßiger Redner durch einen hervorragenden Vortrag mehr erreichen könne, als ein Fachmann, der rhetorisch schlecht sei.[71] Hier liegt die Ursache für die Aufblähung der Form.

Ein altes Thema, deren heutige Variation heißt: »Inhalt oder Entertainment«. Zuviel Entertainment, das ist der Vorwurf der deutschen Seele, daß Organisationen nicht aufgrund ihrer programmatischen Aussagen, sondern ausschließlich aufgrund des Unterhaltungswertes ihrer Äußerungen wahrgenommen werden. Insbesondere trifft der Vorwurf ihre auftretenden Repräsentanten. Belege dafür finden sich in der deutschsprachigen Wirtschaftskultur aber eher nicht.

Der Gag heiligt die Mittel. In der Politik hat es Entwicklungen gegeben, die einen Überhang des Entertainment nahelegen. Die Medien scheinen den Primat der Form zusätzlich zu unterstützen. Wenn eine Zeitung vor einer Bundestagswahl schreibt »Die Kontrahenten machten im Vorfeld deutlich, daß sie eine sachliche Auseinandersetzung führen wollen«, können wir fragen: Was denn sonst? Aber es gibt, so wollen es die selbst gebauten Klischees der Wahlkampfberater, die Opfer ihrer Strategien werden sollten, doch Unterschiede: »Während x auf seine inhaltliche Kompetenz baut, sollen nach dem Willen des y vor allem auch die persönlichen Qualitäten der Kandidaten deutlich werden.«[72] Aber auch der Herausforderer tut das. Die Dichotomie Kompetenz und Inhalt auf der eine Seite und Persönlichkeit und Form auf der anderen ist schief. Das Wählerinteresse liegt ohnehin auf der Inhaltsseite. Eine Emnid-Umfrage sagt: bei Wahlkämpfen achten über 76% der Befragten mehr auf den Inhalt als auf die Form.[73] Gegen ein schiefes Verhältnis von Inhalt und Form sprechen zudem schon das hohe Interesse und die hohen Quoten der Medienresonanz. Hinzu kommt: So unterhaltsam, wie der Vorwurf unterstellt, sind viele Köpfe und Themen eben doch nicht.⁷⁴ Daß die Arbeit am Auftritt mit Formarbeit gleichgesetzt wird, hat zwei Gründe.

1. Die Auftrittsberatung der Public Relations scheint weitgehend auf Rhetorik-Ratgeberbücher angewiesen, und diese erzählen einen Mythos weiter, den Mythos von den 7% Inhalt, auf die es in der Rede lediglich ankomme. Als Beispiel können Auszüge aus fünf Zitaten dienen:⁷⁵

> Sozialforscher meinen sogar, daß der kommunikative Erfolg nur zu etwa einem Zehntel von der Wortsprache abhänge.« ... »Nur sieben Prozent aller Informationen, die wir aus einem Gespräch gewinnen, holen wir aus den Worten, 38 Prozent beziehen wir aus dem Klang der Stimme und 55 Prozent aus der Körpersprache ...«... »Jeder Mensch vermittelt zuerst 55 Prozent seiner Botschaften über sein äußeres Erscheinungsbild, 38 Prozent über seine Stimme und 7 Prozent über sein Wissen«. ... »..., daß 55 Prozent der Wirkung eines Vortrages von Haltung, Gestik und Blickkontakt des Referenten abhängen, 38 Prozent von der Klangfarbe und dem Tonfall der Stimme und nur 7 Prozent vom Redeinhalt«. ... »Der Einfluß der Stimme bei Geschäftsverhandlungen wiegt mit 38 Prozent ungleich schwerer als das verbale Argument mit 7 Prozent.

Selbst für die seriöse Moderatorenfortbildung von ARD und ZDF »ist die Aufmerksamkeit des Publikums mit etwa 55% auf visuelle und nonverbale Eindrücke gerichtet, die Stimme wird mit ca. 38% belegt und nur mit 7% wird der Inhalt bedacht«⁷⁶. Als Stützung dient niemand Geringeres als »der Volksmund«: »Ein Bild sagt mehr als tausend Worte«. Auch in der PR ist der Mythos inzwischen etabliert:

> Sie werden beurteilt,
> – zu 60 Prozent nach Ihrem Aussehen und Ihrem Auftreten,
> – zu 33 Prozent nach Ihrer Stimme,
> – zu 7 Prozent nach Ihren Worten und deren Inhalt.⁷⁷

Ohne Zweifel, Körperausdruck, stimmlicher Klang und Wortinhalt bestimmen die Wirkung mit. Die Frage ist: Sind die Kommunikationssituationen, für die Public Relations vorzubereiten haben, in eine Formel zu bringen, die der Form mit 93% den Vorrang gibt? Die Wissenschaft läßt sich dafür nicht ins Feld führen, das zeigt ein Blick auf die verblaßte Quelle des Mythos. Alfred Mehrabian, ein Forscher der Universität Columbia hatte in den 60er Jahren mit wenigen Studenten Experimente angestellt – mit mäßiger empirischer Basis. Er hatte keineswegs behauptet, Kommunikation bestehe in jeder Situation nur zu 7% aus Worten oder »Inhalt«.

2. Die Auftrittsberatung der PR schließt zweitens an das Alltagsverständnis an. Dieses kennt »Rhetorik« weithin als Arbeit an der Form, als die *pronuntatio* oder *actio*, die Ausführung der Rede insgesamt, das physische Auftreten des Redners, seine Gestik und Mimik. In diesen Bereich fällt die Arbeit am Sprechstil, an Lautstärke, Stimmführung und Klarheit der Aussprache und Betonung. Das allein hieße: Form vor Inhalt.

Schon Aristoteles warnte. Er schätzte die *actio* nicht, die Form, in der geredet wird, schien ihm zweitrangig.[78] Zudem kamen Vorschläge aus der Ausführung der Rede – bis heute – vielfach aus dem Schauspielfach. Er hatte seine Gründe; er kannte die Gefahren der Schauspielkunst und deren Übertreibungslaune. Die *phýsis*, etwa das, was wir heute unter Talent verstehen, schien ihm ausreichend. Dies läßt sich auch verstehen als ein frühes Plädoyer für das, was wir heute Authentizität nennen, hinter der sich alle Personen verstecken, die ihre Auftritte nicht professionell vorbereiten. Die allein genügt nicht; und vielfach scheint die Not ungenügender Redefähigkeit gewendet in die Tugend des »sei, wie Du bist!«. Professionell kann man das nicht nennen, weder in bezug auf den Auftritt selbst als auch auf dessen Training. Auftrittsberatung muß ein angemessenes Verhältnis von Inhalt und Form erreichen. Das gelingt nur in der erprobten Aktion und spricht abermals für Vorbereitung.

5
Die Personifizierung der Botschaft

Wenn es, wie bisher gesagt, um Zustimmung geht, um Handeln statt Verhalten, um ein gutes Verhältnis von Inhalt und Form, um Wahr-Scheinliches, Schein im Sein, um Wirkung und Eindruck, dann ist zu fragen, wo dies in den Rollen und Redeweisen der auftretenden Personen wiederzufinden ist und praktisch wird. Alle Spieler am Meinungsmarkt – Journalisten, Experten, Politiker und Spitzenmanager – haben zunächst drei Dinge gemeinsam:

1. Alle Spieler wollen eher überzeugen als nur informieren.
2. Alle Spieler entwickeln eher Botschaften als Nachrichten.
3. Alle Spieler personifizieren ihre Botschaften.

Journalisten

Die Agenten von Meinung (Platons *doxa*) sind die Meinungsführer. Über den größten Hebel verfügen dabei die Journalisten. Weil sie zum einen Meinungen zueinander in Beziehung setzen und verbreiten, zum anderen weil es nicht selten den Anschein hat, als seien Journalisten diejenigen, auf deren Überzeugung und Meinung es ankomme. Die Medien ermöglichen die Profilierung einzelner Personen des Berufsstandes.

Journalismus glorifiziert und inszeniert sich selbst. Vor allem Fernsehmoderatoren sind selbst Objekt der Personifizierung und gern gesehene Gäste bei Events von Unternehmen und Verbänden.

In der Personifizierung der journalistischen Rede finden sich drei Ziele der alten Rhetorik wieder: Im *docere* erkennt man das nachrichten-journalistische Informieren.[1] Zum Überreden oder Überzeugen kommen noch *movere*, das Bewegen, und das *delectare*, das angenehm Berühren, hinzu. Die journalistische Rhetorik hat zwei merkwürdig gegenläufige Ziele: Anschlußfähige Investigation gegen Wirtschaft, Politik und Verbände und Affirmation der Angebote der übrigen Meinungsführer.

1. Investigation über den Anschluß der Botschaft
Journalisten greifen Issues auf und schlagen sich deutlich auf eine Seite, ganz im Gegenteil zu ihren standesethisch deklarierten Prinzipien.²

> Deutsche wollen immer entlarven, selbst da, wo es nicht einmal Larven gibt. Das ist ein speziell journalistischer Fetisch. Sie wollen dem Popmusiker nachweisen, daß er schlechte Musik macht, und dem schüchternen Schriftsteller, daß er sich nur geschickt vermarktet. Tatsächlich aber gibt es nur eine begrenzte Anzahl von Leuten, die sachlich satisfaktionsfähig sind, also Politiker, die den Lebensraum wirklich gestalten, Wirtschaftsvertreter, die die Arbeit und das Geld wirklich verteilen, Juristen, die das Recht beugen, Meinungsmacher, die für die Vereitelung oder Fehlleitung des Bewußtseins verantwortlich sind.³

Genauer zeigt sich das in der Moderation von Fernsehjournalisten, im Denkstil, der Bauform der einzelnen Moderation. Die Anmoderationen sind ersichtlich nicht wie in der Nachricht aufgebaut, sondern haben die Bauform der Botschaft, sind zum Zielsatz hin aufgebaut: Zu Beginn holt der Moderator sein Publikum ab. Die besten Moderationen beginnen mit Gemeinplätzen (*loci communis*). Sätze, von denen anzunehmen ist, daß sie den meisten Zuhörern und Zuschauern bekannt sind.⁴ Das Ende der Äußerung ist als Zwecksatz⁵ formuliert, ein Appell, der sagt, was die Zuschauer tun und denken sollten. Das Wirkungsziel heißt: Die Sendung weiterhin verfolgen oder zumindest den folgenden Beitrag anzusehen, es heißt aber auch: Überzeugungen ändern und schaffen. Die Moderatoren sind situationsmächtig. Die rhetorische Wucht der TV-Moderation läßt sich an bissigen Kollegen erkennen, die nichts sehnlicher wünschen, als eine öffentliche Person zur Strecke zu bringen. Gesinnungstäter gibt es in jeder Branche, und vielleicht muß es sie ja geben, im Journalismus sind sie nur verdeckt mit dem Schibboleth der Objektivität. Interessegeleitete Überzeugungsarbeit gehört zur Rolle journalistischen Arbeitens.

2. Zugleich gehört zur journalistischen Rolle etwas, das zum Moralisieren wenig Anlaß gibt: Die Affirmation von Fremdbotschaften.

Der oft unbefragte Transport der Fremdbotschaft ist Hilfe bei der Durchsetzungschance von Deutungsmustern von Issues. Nicht selten amplifiziert die journalistische Rhetorik die Botschaft der auftretenden Akteure aus einem einfachen Grund: Sie möge interessant sein und ankommen, das dient der Kundschaft Publikum. Damit tun Journalisten das, worauf die Absender spekulieren. Die Kooperationsbereitschaft der Medien-Agenten wird heute nicht mehr bestritten.⁶ Wer ausreichend viele und ausreichend vorfabrizierte Botschaften bekommt, befragt die eine oder andere nicht kritisch. Hinzu kommen Zeit- und Personalmangel in den Zeiten schlechter Konjunktur. Das heißt unter anderem, daß Sachverstand zunehmend den Experten im Originalton überantwortet wird. Das wiederum läßt den Schluß zu, daß die Rhetorik der unabhängigen Experten einerseits und der Repräsentanten von Unternehmen und Verbänden andererseits wichtiger werden. Deren Auftrittschance (»speech slot«) wird zum Hebel der Personifizierung.

Experten

Regelmäßig wiederkehrend treten bestimmte Experten (»talking heads«) in Veranstaltungen und Fernsehsendungen auf. Sie üben Definitionsmacht über Daten und vermeintliche »Fakten« aus, die sich als strittig erweisen. Die Personifizierung unterstützt den Weg von der Nachricht zur Botschaft; »third party endorsements« erhöhen die Wirkung. Es lohnt sich, genauer hinter einen Mechanismus zu sehen, der Rhetorik und Public Relations besonders subtil verknüpft. Was sagen Experten, wie unabhängig sind sie, und wie personifizieren sie die Botschaft?

Eine Studie hat die Wirkungspotenz verschiedener Stimmen gemessen.[7] Die Hierarchie der Wertigkeit zeigt, daß die Äußerungen unabhängiger Experten am höchsten bewertet werden, zum Beispiel höher als die Stimmen aus dem eigenen Haus.

Typische Situationen von Expertenpräsenz sind Vortragsveranstaltungen, TV- und Pressekonferenzen und Podiumsdiskussionen. Markantestes Beispiel des Experten sind Wahlforscher. Hinter diesen stehen teils Institute wie Allensbach (CDU), Infas (Hunzinger Information AG),[8] DIW (DGB), das Institut der deutschen Wirtschaft gehört dieser selbst, das ifo-Institut ist teilstaatlich. Wer vergleicht, welche Zeitung welches Institut bevorzugt, kann deutlich ablesen, woher die Tendenzen besonders in Vorwahlzeiten kommen. Der Ausweis von Parteilichkeit ist eher selten, allenfalls bei den als parteiisch angekündigten »Wirtschaftskritikern«.

Ein besonders heikles Beispiel für die Potenz der personifizierten Botschaft ist die Redeweise auftretender Analysten. Der »Medien Tenor« weist regelmäßig mit Untersuchungen auf die Abhängigkeiten zwischen Analysten und Medien hin. Zu erkennen ist die Tendenz der Innung, Trends aufzunehmen und zu verstärken. Immer sind die Analystenäußerungen interessegeleitet. Banken sind ohnehin durch Kapitalverflechtungen selten das, was man unter unabhängig versteht, und die vielzitierten Chinese Walls sind ein verräterisches Bild: Die chinesische Mauer ist alles andere als undurchlässig. Hinzu kommt, daß ein deutlicher Überhang positiver Nachrichten zu verzeichnen ist. Zu sehen ist auch, wie sehr die Medien Verantwortung für die von ihnen verbreiteten Aussagen abgeben. So entsteht ein symbiotisches Verhältnis zwischen Medien und Analysten, deutlich zu sehen am Vorkommen bestimmter Bankhäuser in ganz bestimmten Medien. Es entsteht das Phänomen des »Hausanalysten«. Der öffentlich sichtbare Kopf wird instrumentalisiert.[9] Der Einfluß von Analysten auf dem öffentlichen Diskurs ist schwer vorauszusehen. Mindestens TV-Äußerungen aber werden sorgfältiger vorbereitet werden müssen, denn Analysten werden in Anlehnung an angelsächsische Gesetzgebungen angehalten – »in Auftritten«, wie die entsprechende Gesetzesvorlage angibt – nicht länger Empfehlungen zu geben.

Der Prototyp des Experten ist der Wissenschaftler. Er gilt in den Augen des Publikums als sakrosankt, was seine Aussagen angeht, und er scheint auf den ersten Blick dem rhetorischen Diskurs entzogen. Der für die PR interessanteste Fall sind ärztliche Experten. Zwei Belege: Eine Allensbach-Studie des Jahres 2000 zeigt: Im Business-to-Consumer-Markt von Arzneimitteln kommen Bekanntheit und Image der Ärzte

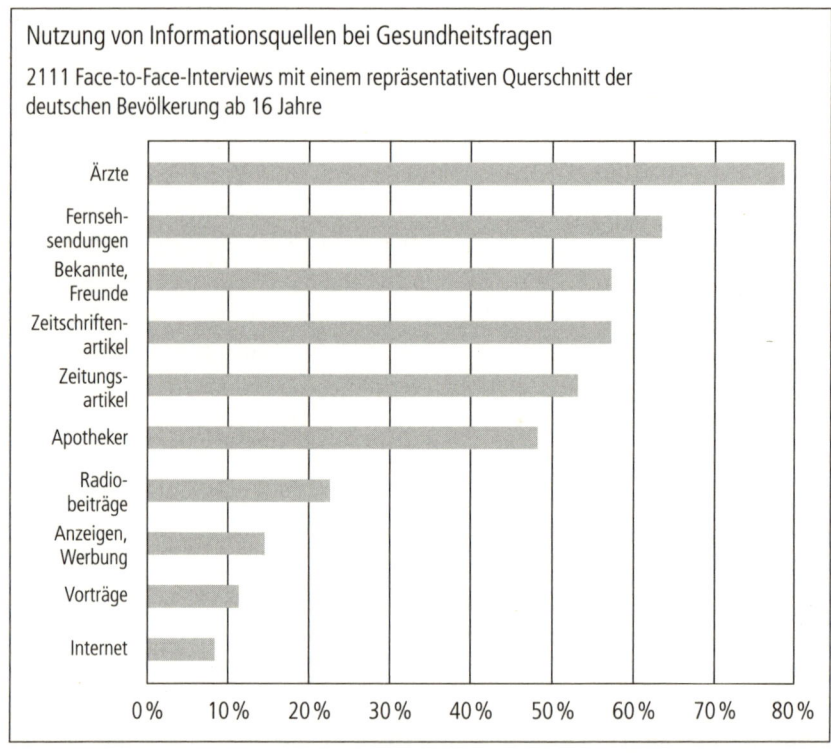

Quelle: Studie Allensbach, 2000[10]

durch Medien ganz wesentliche Bedeutung zu: Das Fernsehen steht dabei an zweiter Stelle, Zeitschriftenartikel an vierter, Zeitungen an fünfter und Radiobeiträge an siebter Stelle von zehn. Je deutlicher die Personifizierung, desto höher der Effekt.

Das EMNID-Institut befragte 76 Kommunikationsverantwortliche in der Life-Sciences-und Healthcare-Industrie. Imagebildung sehen 87% der Befragten als die wichtigste Aufgabe. Nach dieser Studie sind Fernsehsendungen zu 63% der Befragten ein Anstoß zum Kauf von Arzneimitteln.[11]

Der Medienauftritt des Arztes erzeugt Profil und macht Wiedererkennung möglich. Allerdings brauchen die audiovisuellen Medien Äußerungen, die präzise getimt und verständlich sind. Moderatoren beschweren sich nicht selten über eingeladene Experten: Die Antwort ist zu lang oder kommt nicht auf den Punkt. Die Sprecher präsentieren steif und verschreckt im Sprachstil wissenschaftlicher Abhandlungen ihre Aussagen. Vor allem fehlt es an der Anschlußfähigkeit im Denkstil der Äußerung. Es werden häufig Fakten aneinandergereiht, die nur durch den Schnitt der TV-Produktion beendet werden. Im Sprachstil ist Hörverständlichkeit und Bildhaftigkeit geraten, wie im folgenden Beispiel:

> Informationen erreichen das Gehirn über einen Eingang, werden dann an andere Stelle verarbeitet und verlassen das Gehirn als Antwort über einen Ausgang. Alte Medikamente wie Haloperidol zum Beispiel blockierten vollständig Eingang und Ausgang, die Patienten wurden steif wie Roboter. Neuere Medikamente wie beispielsweise Risperidon reduzieren etwas die Störungen im Eingang und Ausgang und normalisieren auch die Verarbeitung. Damit werden Menschen wie normale Menschen, nicht mehr wie Roboter.[12]

Dieses Beispiel zeigt neben dem bildhaften Sprachstil noch etwas, nämlich im Denkstil die eindeutige Stellungnahme für ein pharmazeutisches Produkt: Ein Medikament tut etwas, das bisher nicht möglich war. Es tut nicht gerade wenig, denn im entscheidenden Zielsatz sagt der ärztliche Experte: »Damit werden Menschen wie normale Menschen, nicht mehr wie Roboter.« Zudem nennt der Experte den Markennamen oder Handelsnamen des Produktes – obwohl er gesetzlich nur den Wirkstoffnamen hätte nennen dürfen. ZDF beispielsweise: »Werbung muß klar erkennbar sein. Sie ist durch optische Mittel von anderen Programmteilen zu trennen.«[13] Der Wirkstoffname aber – so wird immer wieder angemerkt – wäre weder verständlich noch ließe er sich an das Zuschauer- und Patientenwissen anschließen. Die Agenten solcher Originaltöne – die TV-

Journalisten – stehen also im Zwiespalt: Bitten sie gesetzlich korrekt die befragten Experten dazu, nur vom Wirkstoff zu sprechen, erreichen sie ihr Publikum nicht. Die Journalisten lassen deshalb den Produktnamen stehen. Solche produktionstechnischen Nöte legitimieren die Überzeugungsarbeit für Produkte, PR in einer sehr einfachen und eminent rhetorischen Form. Schleichwerbung erreicht schnell die Qualität des Ungesetzlichen. Im deutschen »Heilmittelwerbegesetz« heißt es:

>»Für verschreibungspflichtige Arzneimittel darf nur bei Ärzten, Zahnärzten, Tierärzten, Apothekern und Personen, die mit diesen Arzneimitteln erlaubterweise Handel treiben, geworben werden.« und: »Die Erwähnung oder Darstellung von Waren oder Dienstleistungen, Namen, Marken oder Tätigkeiten eines Herstellers von Waren oder eines Erbringers von Dienstleistungen in Bild und Wort zu Werbezwecken außerhalb des Werbeprogramms ist unzulässig. Zulässig ist die Erwähnung oder Darstellung von Produkten, wenn und soweit sie aus journalistischen oder künstlerischen Gründen (insbesondere Darstellung der realen Umwelt) zwingend erforderlich ist. Die Erwähnung oder Darstellung von Produkten gegen Geld oder eine sonstige Gegenleistung ist unzulässig.«[14]

Zwei Fälle sind zu unterscheiden: Der Experte spricht für sich selbst, oder er wird von Institutionen gebeten oder gar bezahlt. Für sich selbst sprechen all jene Freiberufler, die von Medien zu Statements und Interviews gebeten werden oder auf Veranstaltungen Studienergebnisse präsentieren oder einfach Rat geben. Extremfall des Experten im eigenen Auftrag ist Christoph Daum: »Ich schwitze, also bin ich.«[15] Der Auftritt im eigenen Auftrag ist, um es deutlich zu sagen, nicht schon an sich verwerflich. Wäre dies so, dann dürfte kein Experte öffentlich auftreten.

Im Fernsehen ist die »Bauchbinde« zu sehen, der Schriftzug unter dem Fernsehbild mit dem »Prof. Dr.« suggeriert Unabhängigkeit. Genauere Betrachtung der Expertenäußerungen lehrt, daß Unabhängigkeit gerade nicht aus den Äußerungen spricht. Wenn Experten für Studien honoriert werden, steht das außer Frage. Dann greifen sie interessegeleitet ein, via Medien oder via »speech slots« auf Fachkongressen. Experten führen auf diese Weise einen Stellvertreterkrieg.

Wissenschaft birgt Definitionsmacht, weil sie genau jenen Mechanismen vertraut, die ihre Ergebnisse einsichtig machen und zur Anwendung ihrer Ergebnisse und Produkte überredet. Aber schon an ihren Wurzeln ist Wissenschaft persuasiv, weil sie auf Wirkung hin ausgewählte Fragen stellt, um zu ihrem Ergebnis zu kommen, und andere wiederum nicht stellt.[16] Es ist also nicht nur ihre nachträgliche Verwertung in den Public Relations, die Wissenschaft ihrer Objektivität entkleidet. Objektivität ist ohnehin in der personifizierten Botschaft unmöglich; sobald ein Mensch redet, liefert der Sprechstil Meinung mit. Expertenäußerungen lösen insofern nicht ein, was dem Publikum stillschweigend versprochen wird. Potenziert wird dies, indem Unabhängigkeit einen Argumentwert beansprucht, der anderen Spielern des Meinungsmarktes nicht gegeben ist.

Wissenschaftliche Beweise bleiben im Stadium der Behauptung.[17] Die Standardform des Beweises in Expertenäußerungen ist nicht in der Binnendynamik der Äußerung selbst zu finden. Sie ist der Autoritätsbeweis, der schlicht schon in der Tatsache zu finden ist, daß es die Äußerung gibt und Experten als solche deklariert sind. In vielen Fällen bleibt weniger der »Beweis« im engeren Sinne als vielmehr der Schein von Wissenschaftlichkeit, und nicht selten steht als Ausweis der »Kompetenz« schlicht nur noch deren Deklarierung.

Unter rhetorischem Aspekt gehört es zur Aufgabe der PR-Beratung, Pressekonferenzen und Expertenäußerungen zu vermitteln zu plazieren oder zu inszenieren. Deshalb obliegt der PR auch das Training der Äußerungen. Die bekanntermaßen unbefriedigende Redekultur universitärer Wissensvermittlung wird auf Expertenäußerungen übertragen. Ausnahmen sind vereinzelte Analystentrainings und – häufiger – solche für ärztliche Experten.

Politiker

Politik ist die Kunst des Machbaren, Rhetorik die Kunst des Glaubhaftmachens. Beide zielen auf Bewußtsein und Handeln.[18] In der Politik ist immer schon der Prozeß Gegenstand öffentlichen Interesses, nicht erst das Ergebnis. Das braucht permanente rhetorische Legitimation.

In keinem Feld ist die Beziehung aus Public Relations und Rhetorik so alt wie in der Politik. Die antike Polis ist undenkbar ohne die Redner, die für ihr Programm warben. Früher mußte sich das Wahlvolk auf den Weg machen, um die Repräsentanten hören zu können, heute gibt es Medien. Das Fernsehen bietet die Möglichkeit, daß prinzipiell jeder Bürger die Akteure erleben, in ihren Gesichtern, Worten und Gesten lesen und sagen kann: glaubwürdig oder nicht. Es ist ein positiver Umstand, daß Medien uns das Gesicht des Kandidaten zeigen, wie er stammelt, wie er ein Lächeln aufsetzt, wie er Auswendiggelerntes wiedergibt. Das macht die Medien nicht per se verdächtig, und noch nicht verständlich, warum etwa der Begriff »Medienkanzler« negativ sein soll.[19] Medien verändern nicht grundlegend die Wähleransprache. Genau genommen ändern sie gar nichts außer der Zeitbegrenzung. Und selbst die und die notwendige

Vereinfachung waren immer schon ein Gebot mündlicher Kommunikation. Man kann Fernsehen und Politik nicht gegeneinander ausspielen. Politik wird durch Fernsehen mitnichten schlechter. »Aber, bitte, auch das ist durchaus Bestandteil abendländischer Politik, daß wir uns politisches Führungspersonal wünschen, das Charisma und Eigenarten besitzt«.[20] Das Verhältnis von Inhalt und Form ist keineswegs so dramatisch schief wie immer wieder beklagt. Zuallerletzt wären daran die Medien schuld. Medienwahlkampf ist deshalb nicht gleich Entertainment, außer dem Umstand, daß etwa das Fernsehen nichts Langweiliges verträgt.

Die Personifizierung der Botschaft zeigt sich nirgendwo deutlicher als in der Politik. »Wer hat die bessere Figur gemacht«? wird regelmäßig nach TV-Duellen gefragt. Die Politik hat sich weit früher als die Wirtschaft mit den audiovisuellen und besonders rhetorischen Medien auseinandergesetzt, denn »die Realitätsdefinition der Massenmedien erspart der Politik den Kontakt mit dem Realen.«[21] Die Befürchtung, Journalisten ausgeliefert zu sein, tritt hier gegenüber den Veröffentlichungsinteressen zurück. Politiker fühlen sich nicht so häufig von Journalisten geschmäht wie Spitzenmanager.[22] Sie haben häufiger Medienkontakte als Manager; sie wissen, daß die journalistische Mitarbeit für die Botschaft existentiell ist. In der deutschsprachigen Politik gibt es weit weniger Animositäten, weniger Klagedrohungen und Kommunikationsabbrüche als in der Wirtschaft. Politiker sind die vielleicht einzigen Spieler im personifizierten Meinungsmarkt, die nicht mit dem Hinweis, bloß informieren zu wollen, das rhetorische Prinzip leugnen.

Spitzenmanager

»Wer verbirgt sich hinter der Altanos AG?« Eine merkwürdige Frage des Moderators (in einem Bloomberg-TV-Interview), könnte man denken, aber sie bildet ab, was dessen Kundschaft umtreibt: Wem kann ich vertrauen? Einer Organisation sicher weniger als einer Person. Auf dem Weg vom Text zur Person stehen deutsche Unternehmen ganz am Anfang. Formulierungen der Presse verraten den derzeit geringen Grad der Personifizierung. »Wie auf der Hauptversammlung des Unternehmen verlautete ...« Eine Wendung, die nichts Gutes ahnen läßt. Dahinter steht entweder Strategie ohne Personen oder schlicht mangelnde Fähigkeit: Nichts verstanden, zu lang geantwortet, zu ausweichend, nicht geglaubt. Hinter einer Medienresonanz wie »verlautete« verbirgt sich oft ungenügende Rede. Gerade aber für die personifizierte Botschaft bildet Betriebswirtschaft nicht aus, viel weniger als andere akademische Bereiche.

Frage: »Man kennt ja viele Politiker aus dem Fernsehen und aus der Presse. Würden Sie es sich wünschen, so auch die leitenden Manager der größten deutschen Unternehmen besser kennenzulernen?«

Antworten anhand einer Skala von 1 (würde ich mir sehr wünschen) bis 5 (würde ich mir gar nicht wünschen). Antwortmöglichkeiten 1 und 2 sind zusammengefaßt als »würde ich mir wünschen«, Antwortmöglichkeit 3 entspricht »teils/teils«, sowie Antwortmöglichkeiten 4 und 5 sind zusammengefaßt als »würde ich mir nicht wünschen«.

Angaben in % der Bevölkerung

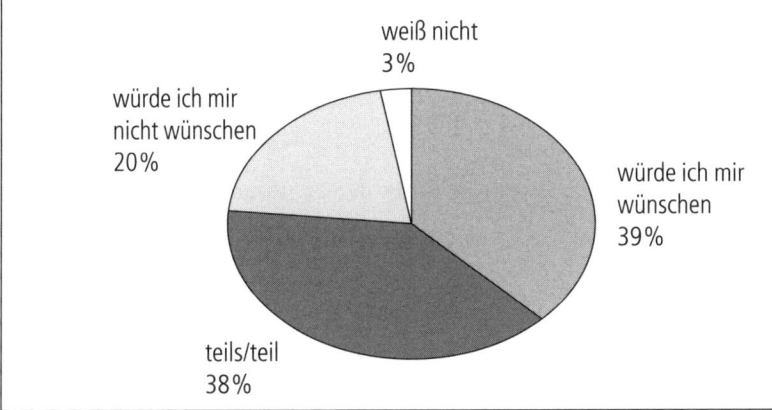

Quelle: Hohenheimer Emotionalitätsstudie 1
(Buss, S. 98)

Der Großteil der Arbeitszeit einer Führungskraft besteht aus Kommunikation. Die Mehrheit der Führenden in Deutschland sind Ingenieure und Naturwissenschaftler. Sie lernen weder etwas über Projektarbeit noch, wie man eine Gruppe moderiert, einem Nichtfachmann Arbeitsergebnisse präsentiert, in der Öffentlichkeit auftritt. Es geht letztlich um das Dreieck Kopf, Herz, Hand – also Wissen, Fühlen, Handeln. Je höher man kommt, desto wichtiger werden weiche Faktoren.[23]

Wenn 53% befragter Manager das Image ihres eigenen Berufsstandes als schlecht einschätzen,[24] dann könnte das an mangelnder Präsenz liegen. Im internationalen Vergleich dürften deutsche Spitzenmanager relativ verhalten in der öffentlichen Diskussion sein. Es scheinen noch immer oft persönliche Vorlieben zu sein, die den einen oder anderen auftreten lassen. Strategisch eingesetzt (»corporate speaking«) werden die Auftritte noch nur an wenigen Stellen. Anders ist es nicht zu erklären, daß viele Spitzenmanager bewußt selten auftreten. Wir dürfen uns über schlechte Reputation nicht wundern, wenn es nur wenige Strategien der Personifizierung gibt. Personifizierung ist deshalb originärer Part der Public Relations, und vermutlich ihr ältester Teil.[25] Und besonders hier sind angelsächsische Strategen führend; sie sprechen von »to create popular heroes«.[26] Auch deutschsprachige Studien zur Imagearbeit unterstützen inzwischen »personifizierte Prominenz« (vgl. Abb. Seite 93).[27]

Aber es gibt auch banale Gründe für den Auftritt. Heute werden Managemententscheidungen nicht nur von Managern getroffen. Sie werden getroffen an den Arbeitsplätzen der Analysten in den Banken und in den Medien. Als drittes kommen Mitarbeiter hinzu, denn Auftritte nach innen sind entscheidend für die Identität des Unternehmens.[28] Fragt man nach dem Kriterium dieser Entscheidungsträger, so ist dies – ganz im Unterschied zu früher – schlicht die Entscheidungskraft von Köpfen. Hierüber – quasi durch die Hintertür – gelangen Spitzenmanager in den Entscheidungskreislauf wieder hinein.

Rhetorische Kommunikation ist einer der zentralen Bausteine des Managements:

1. managementtechnisch im engeren (delegieren und umsetzen)
2. rhetorisch (überzeugen)
3. visionär (einen Plan haben)

Dem bodenständigen deutschen Macher, der neuerdings im Affront gegen die Versprechungen der New Economy das Haus führt, gerät allerdings der zweite Teil zu kurz. Das ignoriert alles, was wir über die Potenz der Personifizierung wissen. Es gibt eindeutige Beziehungen zwischen Image und Auftritten von Spitzenmanagern. Der »Medien Tenor« publiziert alljährlich eine Art Hitparade der Köpfe.[29] Solche quantitativen Studien zeigen: Immer dann, wenn es Bewegung gibt, sind Spitzenmanager gefragt. Der gestiegene Anspruch an die Ansprache hat selbst die TV-Nachrichten-Präsenz befördert.

Die beiden rhetorischen Funktionen des Informierens und Überzeugens lassen sich in der Personifizierung von Spitzenmanagern beobachten:

1. Informieren: Die Rolle von Spitzenmanagern ist es, permanent zu erklären: Entscheidungen und Strategien, den Mitarbeitern, den Aktionären, der Öffentlichkeit plausibel machen. Die Perspektiven wechseln, die Werte verändern sich rasant, und fehlende und unklare Äußerungen sind geschäftsschädigend. Deshalb ist es auch »eine Management-Aufgabe, dafür zu sorgen, daß alles klar wird.«[30]

2. Überzeugen, in vier Dimensionen:
   - mitarbeiterbezogen: Zufriedenheit, Arbeitsmotivation, Mitverantwortung, Weiterbildung,
   - kundenbezogen: Zufriedenheit und Treue, Vertriebspotenz,
   - aktionärsbezogen: Gewinn, Marktanteil, Umsatz, aktueller Aktienwert, zukünftige Erwartungen,
   - gesellschaftsbezogen: Image, Wohltätigkeit, Umwelt und Gesundheit, Ressourcenschonung.

In einzelnen Aufgaben werden diese Werte auf folgende Weise vermittelt:

Aufgaben von Top-Managern	Rollen von Top-Managern
Entscheiden ➡ Werte durchsetzen	• Unternehmer (entrepreneur) • Ressourcenzuteiler (ressource allocator) • Verhandlungsführer (negotiator) • Krisenmanager (disturbance handler)
Beziehungspflege ➡ Werte abstimmen	• Galionsfigur (figurehead) • Führer (leader) • Koordinator (liaison)
Informieren ➡ Werte anpassen	• Informationssammler (monitor) • Informationsverteiler (disseminator) • Informant für externe Gruppen (spokesman)

Quelle: Schüz, 1999

Spitzenmanager definieren sich wesentlich über das Phänomen der Verantwortung. Hierin scheint das *logón didónai* der alten Rhetorik durch. Das deutsche Aktienrecht sieht aber die Einzelverantwortung im Vorstand nicht vor. Deutsche Banken stellten deshalb jahrzehntelang Vorstandssprecher statt Vorsitzende des Vorstandes ein. Das Prinzip ist aus mehreren Perspektiven obsolet. Analysten sind damit ohnehin unzufrieden, weil sie die Verantwortung des Managements kalkulieren müssen. Aber auch die Medien mit deren Kunden, dem Massenpublikum, reiben sich daran. Nicht zu unrecht, denn Verantwortung kann nur heißen, auch Konsequenzen zu tragen. Den Vorstandssprecher einer Geschäftsbank etwa schützte zwar diese Konstruktion, als eine geplante Fusion platzte; er sagte in den »Tagesthemen« jenes Abends, er sei sich mit allen Vorstandskollegen einig gewesen. Sein O-Ton wurde aber im TV-Beitrag mit dem Kommentar eingeleitet: »... versteckt sich hinter seinen Kollegen«. Der Ruf nach Personifizierung unterstützt seit solchen Erfahrungen die Änderungen in der Stellenbeschreibung des Vorstandes.

Personifizierung ist umstritten. Kritiker sprechen vom »narzistischen Exhibitionismus einer sorgfältig inszenierten Aufrichtigkeit« und von einem Kurzschluß von *ethos* und *pathos* unter Ausschaltung des *logos*.[31] Wenn auch die Ausschaltung des *logos* nicht überzeugend funktionieren würde, der Auftritt darf nicht um jeden Preis und total auf den Spitzenmanager zugeschnitten sein. Das Anliegen der Organisation würde in den Hintergrund gedrängt zugunsten einer Hyper-Personifizierung. Sie bedeutete:[32]

> Politische Kommunikation ist Persönlichkeit und nur Persönlichkeit und nichts anderes. Die Kampagnen von Tony Blair und Bill Clinton, aber auch von George W. Bush, legen anderes nahe: Erfolgreich ist politische Kommunikation immer dann, wenn sie programmatisch-inhaltliche Substanz in Form präziser und symbolisch-prägnant formulierter Botschaften mit ... der Persönlichkeit des Spitzenkandidaten verbindet.

Erst indem sie Issues besetzen, werden Spitzenmanager zu Mediatoren aus Organisation und Öffentlichkeit. Das Erscheinen der Person ist wichtig, um bereits Sitz und Stimme im Forum öffentlicher Kommunikation zu haben – für den Fall, daß andere Issues das Unternehmen in Rechtfertigungsnot bringen. Bisher war für deutsche Spitzenmanager meist nur drohende Mehrbesteuerung ein Grund, sich öffentlich zu Wort

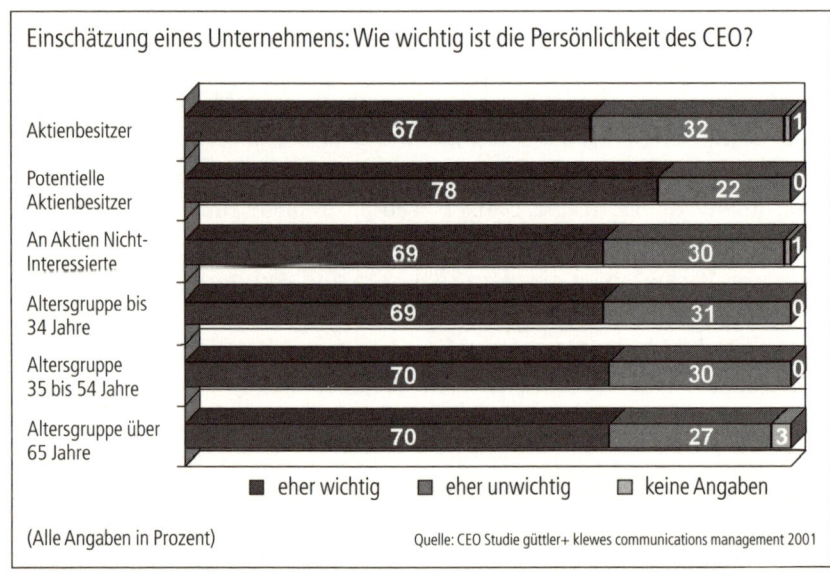

zu melden. Solche Beschränkung auf Themen der materiellen Verteilung sind mitschuldig an der schlechten Reputation der Wirtschaft in Deutschland.

Personifizierung stärkt die Reputation des Hauses. Sie sorgt dafür, daß Unternehmen oder Verband
- klarer erkannt wird (Identifizierung),
- sich deutlich abhebt (Differenzierung),
- als begehrenswert erkannt wird (Profilierung).

Imagerankings zeigen regelmäßig, wie wichtig der Auftritt der Repräsentanten ist (s. u.). Nach der Öffentlichkeitsarbeit allgemein folgt das Auftreten des Vorstandes oder der Geschäftsführung, danach erst folgen Produktmarketing, ganz spät erst Investor-Relations-Arbeit, Lobbyarbeit und Sponsoring.[33] Andere Studien zeigen, als wie wichtig die Persönlichkeit des CEO eingeschätzt wird. Eines der Ergebnisse zeigt die Abbildung auf der vorherigen Seite.[34]

Selbst wenn man bedenkt, daß hier mit dem Blick auf Finanzmarktkommunikation gefragt wird, ist zu sehen, daß das Interesse am CEO hoch ist. 70% aller Befragten möchten den Menschen an der Führungs-

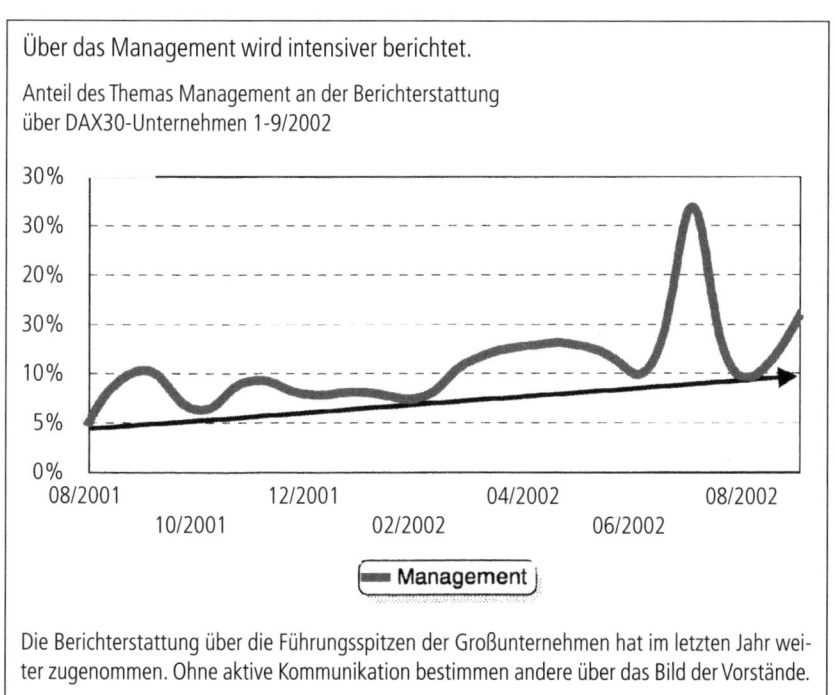

Quelle: Medien Tenor, 11/2002

spitze eines großen Unternehmens auch außerhalb des Wirtschaftsumfeldes einschätzen können. Der Aussage »Wenn ich ein großes Unternehmen richtig einschätzen will, dann möchte ich wissen, was für ein Mensch der Chef oder die Chefin des Unternehmens ist«, stimmen 33% der Aktienbesitzer »voll und ganz« zu, 34% geben ihre grundsätzliche Zustimmung. Existenziell schließlich ist die Leitfigur eines Unternehmens für potenzielle Aktienbesitzer. Sie halten den menschlichen Faktor des CEO mit einer großen zustimmenden Mehrheit (78%) für bedeutsam.[35] Praktische Konsequenz des Personifizierungsgebotes ist die Kommunikation des CEO.

6
Die Mechanik des Auftritts

Die Public Relations werden sich in Zukunft um den Auftritt kümmern müssen, vor allem für den des CEO – mit Marktkenntnis, eingedenk der Risiken und gegen einschlägige Bedenken. Der personifizierte Klient wird zum originären Beratungsfeld. Die Mechanik des Auftritts ist seine Metapher.

CEO-Kommunikation

Repräsentant ist meist der Vorstandsvorsitzende. CEO heißt er hier, weil der Begriff kürzer ist und weil anzunehmen ist, daß in naher Zukunft die Verantwortlichkeit, die in diesen Begriff gegossen ist, zunehmen wird. Die angelsächsische Wirtschaft unterscheidet zwischen Zuständigkeit/Stellenbeschreibung (»legal entity«) und faktischer Verantwortlichkeit (»management responsibility«). CEO steht für beides, aber im Feld der Kommunikation zählt das Letztere. Nicht Amt und Würden des Vorstandsvorsitzenden definieren die Legitimation der Rede, sondern das Maß an Verantwortung. Auch das wieder ist eine rhetorische Kategorie (*lógon didónai*). Daß nur ein Kopf als verantwortlich wahrgenommen wird, dem steht nicht entgegen, daß der CEO in der Vorbereitung des Auftritts Teil eines Teams ist.

CEO-Kommunikation wird praktisch in folgenden Situationen:
– intern-direkt: z.B. Führungskräftekonferenz, Betriebsversammlung,
– intern-medial: z.B. CEO-Formate des Business-TV,
– extern-direkt: Vorträge,
– extern-medial: TV-Auftritte, Pressekonferenzen.

CEO Kommunikation nach innen

Der CEO kann ein Unternehmen nicht über schwarze Bretter führen. Interne Kommunikationssituationen sind für den CEO immer häufiger Auftritte: Umstrukturierung, Fusion, IPO oder Outsourcing.[1] Tritt dazu der Vorstand auf, dann reichen bloße »Informationen« nicht aus; es braucht das alte rhetorische *movere*. Diese Chance haben Mittel schriftlicher Kommunikation nicht. Vor allem in interner Kommunikation reichen herkömmliche Informationswege kaum aus. Vertreter von 45 global tätigen Unternehmen haben folgendes Bild gezeichnet: 73% der Mitarbeiter bevorzugen die klassische Form der Informationsbeschaffung/Schulung, noch vor dem Intranet (44%) und Mitarbeiterzeitschriften: (36%). Informationszirkel (25%) sind den Mitarbeitern immer noch lieber als E-Mails (23%). Obwohl es sich um interaktive Medien handelt, halten viele die Neuen Medien für unzureichend geeignet, die Stimmungen der Mitarbeiter aufzunehmen. Insbesondere das Intranet hält nicht, was es einmal versprochen hatte. Auch Zeitschriften schneiden schlecht ab. Erst am Ende stehen mündliche Situationen.[2] Weil das Ziel der CEO-Kommunikation sich vom Informieren zum Überzeugen bewegt, sind Auftritte häufiger zu nutzen. Aber sie müssen auch überzeugen. 64% der befragten Mitarbeiter sagen, daß sie den Aussagen der Spitzenköpfe nicht glauben, und 55% haben kein Vertrauen in die Arbeit des Managements.[3]

Ein wenig erfolgreiches Beispiel ist das Business-TV. Es scheint als Medium der Unternehmenskommunikation weitgehend gescheitert zu sein. Das Problem: Kaum Zuschauer. Diese Tatsache hat viele Gründe, unter anderem, daß Führungskräfte der Unternehmen zu selten wenigstens zum Zuschauen geraten oder Zeit reserviert haben. Ein wesentlicher Grund liegt auch darin, daß es kaum Stars zu sehen gab. Nur deshalb – weil nur der Kopf der Organisation diese Lücke schließen könnte – wird das Medium hier noch erwähnt, denn bisher ist diese Chance des CEO-Formats verschlafen.

Business-TV ist meist Sache externer Dienstleister, die den CEO nicht selbst beraten. Im Business-TV deutschsprachiger Unternehmen – in angelsächsischen ist das anders – sind CEO-Formate vielleicht deshalb außerordentlich selten. Business-TV war nie Chefsache. Zudem halten die Vorstände dieses Medium für eitel, andere haben Angst, live vor einer Kamera zu stehen, und kaum einer ist darauf professionell vorbereitet. Die Corporate Communications räumen derzeit mit solchen Versäumnissen auf und bereiten den CEO vor. Die Chance des CEO-Formates könnte genutzt werden.

Neben Mediensituationen sind in der internen Kommunikation vorzubereiten: a) Reden und b) Diskussionen.

a) Die Reden sind im Idealfall vorbereitete »freie« Reden. Das sind nicht solche, die von einem Pult herunter vorgelesen werden, mit Logo und Blumentöpfen eines gastgebenden Hotels versehen. Es ist eben immer seltener die Feierstunde, die den CEO mit seinen Mitarbeitern oder

Führungskräften zusammenbringt – wenn es überhaupt je solche waren. Es sind Verständigungs- und Motivationsveranstaltungen. Das feierliche Setting, die hohe Bühne, das erhabene Pult wie auf der Preisverleihung sind nicht angemessen.

Das Ambiente soll und darf ansprechend sein. Keineswegs sind etwa Golfhotels darum gleich der falsche Ort. Nur, Golf- oder andere Spiele werden ja die Kommunikationsarbeit allenfalls flankieren. Die Äußerungen des CEO brauchen ein Setting, das
– wenig Distanz schafft: also kein Rednerpult,
– freies Reden auch räumlich (Bewegung) möglich macht,
– in Antwortrunden den CEO räumlich nahe bei den Fragenden sein läßt.

b) Die Planung von Diskussionen darf es den auftretenden Personen nicht überlassen, nach Gusto zu verfahren. Es gilt sorgfältig Hierarchie und Eigenarten der auftretenden Personen zusammenzubringen. Stimmungen und Wirkungen sind zu antizipieren, Redelängen festzulegen. Es erweist sich als günstig, mehrere Szenarien des Ablaufs offenzuhalten. Entscheidend ist die richtige Mischung aus Monolog des CEO und Dialog in Workshops oder kleinen Messen. Die Äußerungen des CEO sollten im Fluß sein, d.h. immer erst auf der Veranstaltung selbst »fertig« werden. Es hat sich als günstig erwiesen, während der Zeiten zwischen etwaigen Workshops eingefangene Stimmungen aufzunehmen und im Sinne von »common grounds« (*loci communis*) in der Rede anzusprechen. Damit gelingt der Anschluß der Zielsätze an die Mitarbeitersituation.

CEO-Kommunikation nach außen

Untersuchungen zur CEO-Kommunikation in Vorträgen und Präsentationen nach außen liegen nur aus den USA vor, etwa für die Finanzkommunikation. Solche Auftritte zählen zu den schwierigsten Feldern der CEO-Kommunikation nach außen. Die Business School der University of Michigan hat CEO-Präsentationen vor Analysten untersucht, indem sie die Wirkung in Beziehung zu rhetorischem Ziel und Inhalt (»feedback relative to the communicative purpose and content«) in Video- und Tonaufzeichnungen analysierte.[4] Die Studie definierte vier Eckpunkte der Beurteilung: informational (rhetorisch: informierend), relational (rhetorisch: hörerwirksam), transformational (rhetorisch: über die Redesituation hinausweisend) und promotional (rhetorisch: überzeugend). Im Ergebnis erweist sich die lediglich informierende Komponente als untergeordnet und die rhetorische als entscheidend.

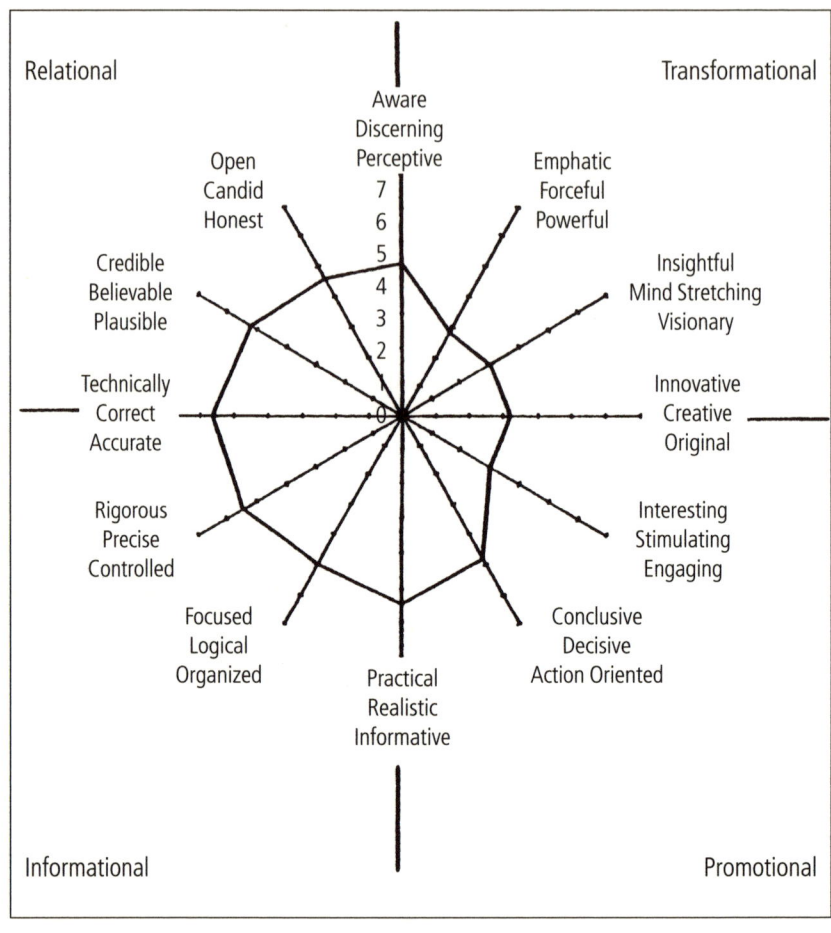

Quelle: Rogers 2000

In aktuelle Issue-Diskussionen kann der Vorstand vor allem über Medien eingreifen. Das gelingt dem Kopf des Unternehmens am sichersten; deshalb ist es immer geraten, den Partnern Statements des CEO anzubieten. Es gilt als elementare Qualifikation des CEO, in Medienäußerungen verständlich und überzeugend reden zu können, TV-Reportern und -moderatoren kurze und in sich geschlossene Äußerungen anbieten zu können. Schließlich strahlt die Präsenz des CEO auch auf Mitarbeiter aus. CEO-Kommunikation ist besonders wirkungsvoll im Fernsehen. Medienrhetorik ist auf eine Weise anspruchsvoll, die die text- und produktlastige PR noch selten bedenkt. Aber Medien bringen auch – das wird in Defensive und Krise vergessen – neben den Risiken einen Gewinn für Auftretende und Publikum:

Eine gewisse Transparenz und Demokratisierung des Geschehens: Wir Alltagsmenschen können uns die Führungskräfte aus allen Branchen im Interview ganz aus der Nähe ansehen, mit ihrer Glaubwürdigkeit und ihrer Verlegenheit, ihrer Souveränität und ihrem Stottern. Sie sind durch die Medien auch dem Vergessen entzogen: was sie einmal gesagt haben, kann ihnen noch nach zehn Jahren vorgespielt und vorgehalten werden, als sei es gestern geschehen.[5]

Das rhetorische Prinzip betrifft beide Partner gleichermaßen, und Objektivität ist nicht zu erwarten. Vermeintliche journalistische »Killerfragen« erweisen sich bei genauerem Hinsehen als berufsständisch legitime Mittel. Es gilt sie zu kennen und ihnen vorbereitet zu begegnen. Daran fehlt es. Im Versuch, der Emotion der Frage offensiv zu begegnen, bekommen die Journalisten Slogans oder Versatzstücke der Beratersprache zu hören, der CEO mauert und nimmt der Aussage noch die letzte Klarheit. Zudem verschwindet die Originalität oft hinter dem Text – was häufig genug zum Schnitt auffordert. Das unbefriedigende Ergebnis hat Gründe in der Redeweise des CEO selbst. Auch hier ist der Schlüssel zum Verständnis die Rolle: Die Führungskraft führt in den Medien gerade nicht, auch wenn sie sich gern so aufführt. Die Führungskraft wird, wenn auch nur einiges nicht beachtet wird, schon durch eigenes Ungenügen vorgeführt.[6] Der CEO erwartet Antworten auf zwei Fragen: Was wollen wir sagen, und: Was darf ich sagen?

Problematisch daran ist, daß gerade das, was nicht gesagt sein soll, am Ende dennoch in den Äußerungen vorkommt. Dies ist auffällig oft der Fall, wenn die Antwort auf die erste Frage zu wenig Brauchbares geliefert hat, und der fragende Journalist nachhakt. Das braucht spezielle Vorbereitung, anders gesagt: Sagen Sie dieses um Gottes willen nicht! Reicht nicht aus und führt erst zum Fauxpas.

Nach allen individuellen Problemen erscheint auch ein strategisches. Der CEO – bisher zu wenig aus der Unternehmensmarke abgeleitet – muß zunehmend auch vor anderen Stakeholdern auftreten. Die Voraussetzungen sind gut, denn grundsätzliche Probleme mit der öffentlichen Selbstdarstellung sehen die Vorstände angeblich nicht (vgl. Abb. Seite 104).

Der CEO wird zum souveränen Moderator zwischen Unternehmen und Öffentlichkeit und wird als solcher positioniert, was einen Rollenwandel mit sich bringt. Für eine zeitgemäße Unternehmenskommunikation bedeutet dies, den CEO verstärkt über die Unternehmensmarke zu inszenieren.[7] Dann ist er nicht mehr den Unternehmenszielen enthoben und der Auftritt nicht länger seiner vermeintlich privaten Auftrittsentscheidung anheim gestellt. Der deutsche Vorwurf Eitelkeit verstummt, sobald dieser Zusammenhang erkennbar wird.

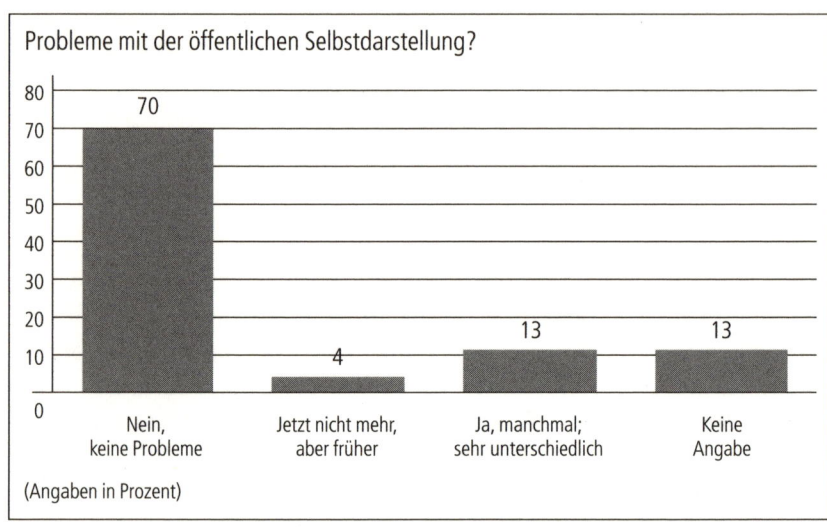

Quelle: Studie Image Foundation

Markt und Trends der Auftrittsberatung

Das Produkt braucht die Gebrauchsanleitung. Beide Transformationen der PR – vom Text zur Person, vom Produkt zur Aktion – zahlen auf das Konto der Auftrittsberatung ein. Sie setzt Produkte nur noch voraus:
- einen Auftrittsplan von der Issues-Anbindung bis zum Habitus,
- Redevorlagen im Sinne von Dramaturgien und Argumentarien,
- ggf. Chart-Vorschläge,
- Argumente und Fragen (Q and A).

Auftrittsberatung hat zwei Dimensionen:
a) prophylaktisch-individuell orientiert:
   Ein neuer Vorstand möchte seine Erscheinung und mündliche Kommunikationsfähigkeit ganz allgemein verbessern und fragt bei den PR-Beratern des Hauses nach Vergleichsangeboten.

b) auf eine definierte Situation hin, etwa:
   - Eine Hauptversammlung oder Pressekonferenz oder ein TV-Interview steht an.
   - Eine neue Person kommt in den Vorstand des Kundenunternehmens und muß für kommunikative Aufgaben vorbereitet werden.
   - Eine aktuelle Krise ist zu bewältigen.
   - Eine Finanzpräsentation soll bereitet werden.

- Ein CEO-Format für des Business-TV ist zu entwickeln.
- Eine Analystenpräsentation ist in Englisch vorzubereiten.

Die Anfrage an die PR-Beratung als Lead-Agentur kommt auf drei Wegen:
- vom Vorstand selbst,
- vom Management der Corporate Communications,
- von Beratungsagenturen.

Die Beratungsgesellschaft als Generalübernehmer muß handeln, aber wie und mit wem, und wie soll das in der kurzen Zeit organisiert werden? Sie stößt dabei auf wiederkehrende Probleme des Zuliefermarktes:

- mangelnde Möglichkeiten der Qualitätsbeurteilung von Spezialisten,
- mangelnde Vergleichsparameter,
- ein Mindestmaß an Standardisierung ist nicht zu leisten, für jede Anfrage, etwa nach »Medientraining«, werden neue Angebote eingeholt und werden nur mit teils erheblichem Aufwand vergleichbar.

Auftrittsberatung setzt Überzeugungsarbeit beim Klienten voraus. Der gelungene Auftritt ist in der Regel Ergebnis eigener Vorarbeit des Auftretenden selbst.[8] Aber selbst wenn ein Executive Coach hinzugezogen wird, blieb es in der Vergangenheit oft bei einem »Last Minute Programm«[9], das gerade das Nötigste bewältigen hilft. Renommierte Auftrittscoaches finden sich unter Zeitdruck zudem selten. Das Ergebnis der Auswahl externer Coaches ist nicht selten Standardisierung auf niedrigem Niveau: Das Nächstbeste wird herangezogen. Die Beratungsgesellschaft entschließt sich nicht zuletzt aus diesen Gründen gelegentlich, das Coaching kurzerhand selbst durchzuführen. So wird der Auftritt scheinbar leicht und sicher an die Konzeption rückgebunden. Teils erhebliche Abstriche in der Didaktik werden hingenommen. Aber es bleiben Fragen:

- Wie können wird den Aufwand reduzieren, etwa Hotelsuites und TV-Studios buchen und briefen?
- Wie können wir dem Vorstand vermitteln, daß zwei Stunden nicht genügen?
- Was müssen wir tun, wenn der Auftritt in Englisch sein wird?
- Wie soll ein eventuelles Executive Coaching mit Strategie und Schriftprodukten verzahnt werden?

Wiederkehrende ungelöste Probleme bewirken ohne Lösung wiederkehrende Klagen des Klienten, nur einige Beispiele: Der »Medientrainer« ist unvorbereitet, er stellt die immer gleichen journalistischen Standardfragen, oder er arbeitet – nicht selten ist der Auftrag darauf begrenzt – nur an der Form.

Die Public Relations benutzen, was sie vorfinden. Der Buch-Ratgebermarkt beeinflußt die Beratung. Populäre Ratgeber der Rhetorik-Schwundstufe (»Mit Charisma zum Erfolg«) bestimmen noch vielerorts die Beschäftigung der PR mit Auftritten. Die Schwundstufe ist aber vor allem auf individuelle Redeprobleme beschränkt, nicht auf eine Beratung mit System für Klienten. Die Akteure müssen sich neben individuellen Fähigkeiten in Rollen und Veranstaltungsdramaturgien einfügen können. Erst auf der Basis eines Konzeptes kann der auftretende Klient seine Rolle finden.

»Kenne Deinen Kunden« ist einer der beliebtesten Imperative. Auftrittsberatung sollte derjenige organisieren, der den Klienten kennt, das heißt, denjenigen Repräsentanten, der die Auftritte zu absolvieren hat. Hier rächt es sich, wenn das Management größerer Beratungsgesellschaften die Vorstände der Klientenunternehmen nur aus dem Pitch kennt. Vor allem zum Briefing der Auftrittsberater und Executive Coach gehört die Kenntnis individueller Daten und Präferenzen zur Person. Beständig größer werdende Agenturapparate erschweren Chefberatung. Die Trennung von Spitzenkräften, die nur noch ihre Agenturen führen, und weniger erfahrenen Kundenberatern, belastet die Auftrittsberatung.

Al Gore zog sich im Wahlkampf mit so vielen Beratern zurück, wird kolportiert, daß einige die Auswertung der Übungsauftritte nur im Nebenraum am Bildschirm verfolgen konnten. Studios für die Arbeit an Rede und Interview werden mit Versuchsgruppen bevölkert, um die Wirkung zu testen; manche sind detailgetreu vorab eingerichtet, bis hin zur Raumtemperatur. Zur angelsächsischen Public Relations gehört Auftrittsberatung, und im Besonderen das Executive Coaching, ganz selbstverständlich dazu. In den USA gibt es etwa 10 000 Executive Coaches.[10] Eine Wachstumsbranche, die allerdings nicht nur Kommunikationscoachings enthält: Zu unterscheiden ist zwischen dem Coaching, das Managern generell die Führungsarbeit bewältigen hilft, und solchen, die auf definierte Kommunikationssituationen – Auftritte – vorbereiten. Das Erstere geschieht in der Regel – ähnlich wie Psychotherapie – in jeweils ein bis zwei Stunden über längere Zeit. Executive Coaching meint hier dagegen die gezielte Vorbereitung für Auftritte. Dies braucht die Zusammenarbeit von mehreren ganzen Tagen. Verträge werden entweder Tageweise oder als Retainer (1–4 Tage monatlich) geschlossen, dann in der Regel über ein Jahr.

Der Markt wächst rasant. In Deutschland gibt es ca. 28 000 rechtlich selbständige Unternehmen, die Anbieter beruflicher Weiterbildung sind. Darunter sind 67% echte Unternehmen in Form einer GmbH, 30% in Form eines eingetragenen Vereins und 3% sind AGs. Es bleiben noch etwa 13 000 freiberufliche Trainer.[11] Angesichts dieser Fülle wird klar, daß nur wenige sich auf Executive Coaching spezialisieren können. Diese Zahl ist nicht belegt; sie dürfte klein sein.

Für die Auftrittsberatung zuständig erklären sich genauer drei Consultingbranchen: 1. PR-Agenturen, 2. Corporate-Change-Beratungsgesellschaften, 3. Executive Coaching-Einheiten.

1. Den Public Relations Agenturen obliegt Kommunikation, deren Expertise ist »Text«. Daß der Weg vom Text zur Person noch nicht professionell beschritten wird, zeigt die Grenze der Beratung: das Redemanuskript. Bis zum Ohr von Führungskräften und Mitarbeitern kommt der CEO ohne Gebrauchsanweisung nicht. Das Produkt braucht die Gebrauchsanleitung.

2. Corporate-Change-Beratungen setzen tiefer an, vor allem solche, die sich auf die Kommunikation von Veränderungsprozessen spezialisiert haben. Diese können daher auch neue Wege gehen, was die Kommunikationsmittel angeht (eben nicht nur die Mitarbeiterzeitung) und auch die Prozesse (eben nicht nur die herkömmliche Manuskriptrede, sondern Stichwortkonzepte). Von der Entwicklung einer Programmatik über Hilfen zur »Sprechfähigkeit« aller Führungsebenen bis zum Change Event werden so die Prozesse verzahnt. Executive Coaching wird hier wie dort meist delegiert, denn das Diskretionsgebot können größere Agenturen mit ihren Fallbeispielen nicht gewährleisten. Es finden zwei- bis dreistündige Beratungssitzungen statt; die klassische ganztägige Vorbereitung des Auftritts dagegen ist das Feld für »externes Coaching«.[12] Auch deshalb fungiert die PR-Beratungsgesellschaft als Lead-Agentur.

3. Executive Coaches arbeiten am nächsten an der Person. Diese Branche aber ist zu oft vom Hintergrund des Vorbereitungsprozesses abgekoppelt; es fehlt vielfach die Verzahnung mit Strategien und Auftrittsdramaturgien. Das Problem ist teils hausgemacht. Viele Coaches packen das Problem zu oft noch von der rhetorischen *actio* her an: Ausführung, Gestik, Mimik, Sprechausdruck und die immer wieder gewünschte »Körpersprache«. Heutige Auftrittsberatung stellt diese Reihenfolge auf den Kopf: Erst

Brainstorming (»messaging«, *inventio*), dann Dramaturgie der Äußerung (*dispositio*, Rede oder Anwort), dann Vehikel zur Satzplanung (*elocutio*, im Idealfall Stichwortkonzepte), dann erst die *actio*. Das setzt Koordination voraus und daß die auftraggebenden Unternehmen Überschneidungen nicht zulassen.

Immer öfter arbeiten mehrere dieser Teilbranchen zusammen. Die Vorbereitung der internen oder externen Auftritte sollte früh mit dem Veranstaltungsdesign verzahnt sein, damit nicht ein Zweig der Beratung leerläuft. Programmatik, Sprachregelungen, Event-Darmaturgie und etwa CEO-Äußerungen sollten aufeinander abgestimmt sein. Das ist nur möglich, wenn keine der Berater-Parteien ohne Abstimmung arbeitet. Zur Vorbereitung müssen alle Beteiligten alles bisher Ausgearbeitete kennen.

Im Punkt der Klientennennung gibt es erhebliche Unterschiede. Eine Forderung der Public Relations-Beratung lautet, Kommunikationsmanager sollen angeben, für wen sie arbeiten. Man sollte zumindest erkennen, wer den Kopf gerade gemietet hat.[13] Aber Agenturen sollten eher die Klientenleistung nennen und nicht vordringlich ihr Agenturimage stärken. Wenn wir sehen, welche Medienpräsenz Werbeberater haben, kann man sich einen Begriff davon machen. Die Kundenliste ist nicht mehr nur notwendiger Appendix, sie wird zum Argument für die Agenturleistung.

Das geht so lange gut, wie es sich um die strategische Beratung von Organisationen handelt, und es hat seinen Grund in einem standesethischen Transparenzgebot. Die Beratung von Personen folgt anderen Regeln. Besonders im Kern der Auftrittsberatung der letzten Sparte, im Executive Coaching, ist Diskretion existenziell. Wer Diskretion zusichert, darf Verständnis dafür erwarten, daß aus dem nämlichen Grund auch andere trainierte Spitzenmanager nicht als Referenz herangezogen werden können. Das bedeutet ohne Ausnahme: Auch das Unternehmen als Klient wird nicht genannt; es gibt keine Referenzen, Empfehlungen müssen genügen. Selbstbezüglichkeit gehört nicht in die Auftrittsberatung. Die Auftrittsberatung wird in Zukunft dynamisch vorgehen, weg vom fertigen Werk, hin zum Dienst in Aktion (vgl. Abb. folgende Seite).

Die Politik macht es vor; nicht anders etwa als in den USA wird der »Debate prep« teilöffentlich begleitet. Noch nie wurde ein Bundestags-Wahlkampf in all seinen Facetten so intensiv von den Medien begleitet wie 2002. Die »Mechaniker der Macht«, die früher ihre Kampagnen fast konspirativ entwickelten, um Gegner zu überraschen, werden selbst Is-

Die Mechanik des Auftritts 109

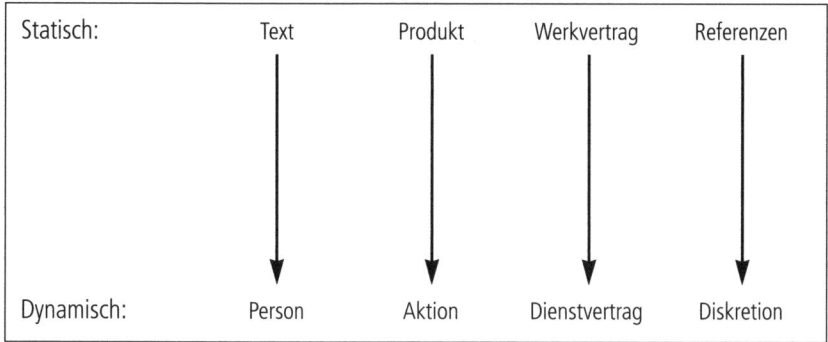

sues. In der SPD-Wahlkampfzentrale ›Kampa 02‹ und der Unions-Zentrale ›Arena‹ waren die Kamerateams zu Gast. Vorbereitung von Auftritten für die Öffentlichkeit dargeboten, das ist noch akzeptabel beim Wahlkampfberater; beim Executive Coach nicht mehr. Diskretion heißt auch: »strategy coverage« kommt nicht in Frage, die Berichterstattung über Strategien und Klienten ist ausgeschlossen. Journalistische Berichte erwarten naturgemäß Beispiele, die im Leser oder Zuschauer den Eindruck erwecken, der auftretende Experte habe genau jene Spitzenmanager gecoacht, die regelmäßig für solche Berichte beispielhaft abgebildet werden. Ein heikles Feld.

Findet Auftrittsberatung integriert statt, stellt sie folgende Fragen:
– Paßt die Person zu Image, Produkt, Dienstleistung?
– Welche Auftrittswirkung ist gewollt?
– Paßt die Person zur Botschaft?
– Paßt die Person zur Marke?
– Paßt der Dress zu Rolle und Person gleichermaßen?

Chance dieses Marktes für die Branche ist es, die Personifizierung der Botschaft offensiv einzusetzen und den Auftritt bis zur Aktion zu begleiten.

Spezialgebiet Dresscode & Style

Wenn der Auftritt wirken soll, gehört Bekleidungsberatung zur Aufgabe, selbst schon für Fotos. Wer manchen CEO auf dem Cover der »Business Week« gesehen hat, erlebt einen ganz anderen, ohne Krawatte, in Bewegung, entspannt und ohne die Insignien der Macht. Auch hier ist Auftrittsberatung gefragt, die mit Dresscode an die Zielgruppe anschließt. Wenn die Kleidung des CEO Mittel des Ausdrucks des Unternehmens ist, dann gehört deren Auswahl zur originären Aufgabe professioneller CEO-Beratung. Kein Corporate Speaking ohne Dresscode & Style.

Untersuchungen der Wirtschaftspsychologen sagen:[14] Ist Bekleidung Ausdruck einer Rolle, dann darf sie nicht der Zufälligkeit unterliegen. Kleider-Ausdruck (*habitus*) scheint eine *contradictio in adjectio* zu sein, denn »habituell« bedeutet dem Wortsinn nach etwa »An-sich-tragen, Gewohnheit, Teil der Person«. Deshalb ist es eines der Ziele, »Habitus« und Rolle in Einklang zubringen. Dazu wieder muß man die zu beratenden Personen kennen. Man muß sie einschätzen, sie erkennen, und sodann an die Value Proposition des Unternehmens angleichen. Deshalb ist der Dresscode zusätzliches Beratungsfeld von Executive-Coaching-Gesellschaften. Ein kleines Geschäft allerdings, denn nicht für jeden Klienten wird dies als unternehmerische Aufgabe erkennbar.

Dresscode-Beratung kennt und nutzt die Annahme, daß ein Phänomen der Wahrnehmung, das besonders heraussticht, die Wahrnehmung aller anderen überlagert. Der Gesamteindruck wird durch einzelne Äußerlichkeiten dominiert. Kleidung ist dazu hervorragend geeignet, weil sie weniger Aufwand der Person erfordert als Änderungen der Rede etwa. Der Dress ist deshalb aber auch besonders anfällig dafür, aufgesetzt zu erscheinen. Deshalb ist Sensibilität nötig. Bekleidungsberatung sollte immer den Kommunikationscode des Hauses mit dem individuellen Stil des Auftretenden verbinden: Dresscode und Style.[15]

Für den CEO ist es förderlich, wenn er bei Auftritten begleitet wird. Das bedeutet, nicht nur von seinem Assistenten, der Power Point Charts durchschaltet, sondern von Auftrittsberatern. Kurz vor der Veranstaltung sind die wesentlichen Punkte noch einmal durchzusprechen, in manchen Fällen braucht es individuelle Einstimmungsmethoden auf die Situation.[16] Zudem ist oft in letzter Minute zu entscheiden, welche Aussagen aus Rede-Konzept oder Interview-Vorbereitung doch nicht erscheinen sollten, weil sich aktuell andere Situationen ergeben, oder weil Vorredner bereits auf diese Punkte eingehen – und welche Aussagen noch vorkommen sollten.

Nach dem Auftritt ist vor dem Auftritt. Kontinuität ist daher eines der wesentlichen Gebote der Auftrittsberatung. Kontinuität geschieht am sichersten in einer Verzahnungsschleife: Durch Nachbereitung der Auftrittsberatung schließt sich der Kreis, und nur so kann man von integrierter Beratung sprechen: Botschaften in mündlich-originärer Sprache (»soundbites«) gehen am Ende wieder in das Konzept ein. Der Auftritt

Die Mechanik des Auftritts 111

wird so wieder zu einem originären Bestandteil der Strategie. Mit Resonanz-Analyse – dem Vorkommen der Unternehmen und Köpfe in den Medien – beginnt der Kreislauf erneut.

Die Public Relations sollten schließlich für den Klienten die Orte und Gelegenheiten planen, »speech slots« für das Erscheinen organisieren und Kontakte zu Veranstaltern pflegen. Damit werden die Vorstände nicht nur für die Rechtfertigung präpariert, sondern im Einzelfall auch in offensiven und positiven Kontexten als TV-Partner angeboten. Die Plazierung in den Medien ist einer der heikelsten Felder der Auftrittsberatung.[17] Strategisch eingebunden sind Auftritte nicht länger »Selbstvermarktung«[18], nicht irgendein Econotainment, das sich der eine leistet, weil er es gern tut, der andere nicht. Die Präsenz von Spitzenmanagern ist dann nicht länger zufälliges Produkt von Rechtfertigungsdruck einerseits und persönlichem Ermessen der Entscheider (»Soll ich oder soll ich nicht?«). Erst mit integrierter Beratung ist der Auftritt an die strategischen Public Relations angeschlossen (vgl. »Corporate Speaking«).

Risiken des Auftritts

Über Jahrhunderte hat sich etwas entwickelt, das heute als eines der höchsten Güter westlicher Zivilisation gilt. Wir nennen es Redefreiheit. Vor den Zeiten der technischen Reproduzierbarkeit und der Potenz der zeitnahen Veröffentlichung hatte das gesprochene Wort einen Bonus, weil es spontan und vor allem flüchtig ist. In dieser Redefreiheit darf die Äußerung grammatisch falsch sein, mißverständlich allemal, darf anders wiederholt, entschuldigt, erklärt, relativiert, zurückgenommen werden. Diesen Risikobonus versagt heute die Öffentlichkeit den redenden Akteuren. Vor allem die audiovisuellen Medien können ihn nicht gewähren, weil ihnen die Zeit fehlt und sie sich – in ihrer journalistischen Spielart wenigstens, auf die Kompetenz der Sprechenden verlassen müssen. Das Gesprochene ist nahezu vogelfrei; der Originalton wird seziert und mit Wertungen versehen. In der Syntax des berühmten Satzes aus dem Grundgesetz ließe sich sagen: »Eine Redefreiheit findet nicht statt.« Daß Redefreiheit in ihrem historischen Sinn in den Medien nicht stattfindet, wird zum Gebot der Auftrittsberatung: Was kann die Organisation durch ihre Repräsentanten sagen, damit ein Statement des Vorstands nicht zum Desaster wird?

> Der Schluck Wasser aus dem Rednerglas wurde dem Vorstandssprecher zum Verhängnis. Weil der damalige Chef der Bank vergessen hatte, wo er vor der Erfrischung war, las er fast eine Seite seiner Rede noch mal vor.

Er hatte den Einblick in die fremdformulierten Gedanken verloren. Und für ihn gab es keine Redefreiheit. Was eine Zeitung[19] genüßlich ausbreitet, illustriert das Risiko des Auftritts. Daß ein Spitzenmanager in eine solche Lage gerät, offenbart dahinterliegende Beratungsmängel, und horrable Beispiele mahnen, wie sehr es auf die richtige Prozedur der Rede ankommt. Daß solche Schauspiele ausgerechnet von denen geboten werden, die »Kommunikation« beständig auf den Lippen tragen, gibt zusätzlich zu denken.

Erfahrungen rhetorischer Pannen schaffen individuelle Motivationen. Hinter dem Fehltritt steht nackte Angst. Die »Peanuts«,[20] wenn auch Jahre alt, stehen den Vorständen vor Augen, als seien sie gestern gewesen. Das führt zur Vorsicht, und diese wiederum zur Vernebelung:

> Sich festzulegen für die Gegenwart, für die Institution, gar für die Zukunft, für die eigene Mannschaft oder für das eigene Produkt, könnte mit Risiken verbunden sein. Deshalb gibt es in allen öffentlichen Äußerungen Hintertüren und Schlupflöcher, die sicher stellen, daß man es morgen auch ganz anders machen kann, als man es heute verkündet hat. Einige Risiko vermindernde Formulierungen und Kostproben lauten: Ich gehe davon aus, daß ... In meiner Partei herrscht die Meinung vor, daß ... Die Vorstandsebene arbeitet darauf hin, daß ...[21]

Beratung wäre schlecht beraten, sähe sie dies als individuelles oder Sprachproblem allein. Das Spitzenmanagement kann nur so gut sein wie die sprachlichen Vorlagen seiner Kommunikatoren. Das formuliert zugleich einen Anspruch an die Branche: Der Auftritt der Klienten wird in dem Maße zum Beratungsfeld für PR-Agenturen,[22] wie das Risiko des Auftritts wächst und wie mißlungene Auftritte Reputationen und Börsenkurse mit sich reißen.

Der Wechsel vom Text zur Person ist in den Auftritten der Repräsentanten noch kaum irgendwo vollzogen, und der Wechsel vom Produkt zur Aktion nicht in den Ergebnissen den Kommunikationsberatung: Der Auftritt bleibt den individuellen Nöten des Repräsentanten weitgehend überlassen. Im Bild des Eingangsbeispiels: Der Vorstandssprecher der Bank war an jenem Tage nicht gut gestimmt. Das kann vorkommen. Beratung müßte etwas liefern, das diese Not methodisch sicher überspringt. Wenn schon nicht Beratung für die Aktion, dann wenigstens ein Manuskript als Produkt, das wenigstens dem Sprecher selbst das Vorlesen nicht langweilig macht.

Alle Unternehmenskrisen[23] sind potenzielle Kommunikationskrisen. Das Risiko ist nicht *fatum*, kein Schicksal, sondern enthält schon die Möglichkeit seiner methodisch angeleiteten Reduzierung: »Risiko steht für das rational-kalkulierte, technisch-wissenschaftliche Handling von

Gefahren und den damit zusammenhängenden potentiellen Gefahren.«[24] Die Begrenzung des Risikos richtet sich nicht auf die Sachdiskussion, sondern auf die Situationspsychologie.

Risiken des Auftritts haben ihren Grund immer auch in seiner Vorbereitung: Wer kein Konzept hat, ist seinen Emotionen ausgeliefert, die verunsichern. Ihren Ängsten sind diejenigen Auftretenden überlassen, die ungeübt und mit ungeeigneter Prozedur reden. Das Ergebnis ist nicht selten jene Unsicherheit, die dann mit »Selbstbewußtseinstraining« verbessert werden soll. Dabei genügte schon ein Redekonzept und ein Durchgehen des Auftritts vorab. Erst dann ist der Redner nicht seinen Versagensängsten der »mündlichen Prüfung« ausgesetzt. Nur so übrigens läßt sich Selbstbewußtsein beeinflussen, wenn man so will, und bei aller Vorsicht, auch »lehren«. Das Umgekehrte, Demut, leider nicht.

Die offenkundige sprecherische Fehlleistung ist nur die Oberfläche, dahinter liegt oft eine prinzipiell ungeeignete Publikumsansprache. Die Schuldzuweisung wird zum Sprechakt der Krise schlechthin. Sie wird zum Risiko, weil sie den Anschluß an Publikumserwartungen verweigert. Wenn ein Vorstand eines Pharmaziekonzerns sagt, Nebenwirkung der eigenen Medikamente kann auch der Tod sein, dann mag das wahr sein, aber nur nicht in dieser Kurzform kommunizierbar. Ebenso wenig sind Sätze kommunizierbar, die lauten: »Wir haben uns nichts vorzuwerfen«. Der vermeintlich »offene« Weg aus der Krise heraus ist einer in die Krise hinein.

»One Company – One Voice« scheint vielerorts als der Ausweg. Bleibt dieser Satz eine Metapher, mag er stehenbleiben. Wird er dogmatisch, bindet er der Kommunikation die Hände. Vor allem angelsächsische Unternehmen traktieren ihre deutschsprachigen Töchter mit dem Gebot der Übersetzung oft kulturell unkommunizierbarer Äußerungen. Praktisch ist die Maxime nicht durchsetzbar. Sie ist auch nicht wünschbar, weil sie den Sprechstil korrumpieren kann: Wer oktroyierten Text redet, handelt sich ein neues Risiko ein: Die Äußerung wird nicht geglaubt. Im Denkstil, in der Redeplanung der Argumente muß »One Voice« gelten, im Sprachstil weitgehend, im Sprechstil ist dies schlicht unmöglich. Selbstverständlich können mehrere Repräsentanten zu demselben Thema reden, nur eben mit ein und demselben Zielsatz. Das übrige ist individuell und verlangt den Mut zum eigenen Stil. Dieser Kompromiß heißt: »One Voice and many Tunes«. Diese und weitere Ursachen des Risikos im Überblick:

> Ursachen des Auftrittsrisikos
>
> – fehlende Koordinierung der »Stimmen«
> – fehlende Vorbereitung
> – mangelnde Kenntnis der Ziele und Zwänge der Redesituation
> – fehlender Anschluß an Publikumserwartungen
> – ausschweifende Antworten (»frei« ohne Konzept)
> – mangelnde Erfahrung, ungenügendes Training[25]

Das Risiko des Auftritts wird medial potenziert. TV-Statements von Spitzenmanagern sind Auslöser von Krisen. Als Grundsatz gilt: Was vor Mikrofon und Kamera gesprochen wird, darf gesendet werden. Nicht einmal das Recht am eigenen Bild ist eingeschränkt, denn Vorstandsvorsitzende großer Unternehmen sind Personen der Zeitgeschichte.

Die »Führungskraft« führt in den Medien gerade nicht. Die Führungskraft wird, wenn auch nur einiges nicht beachtet wird, vorgeführt.[26] Dabei sind Medien selbst nicht per se gefährlich, vor allem nicht die klassischen Wirtschaftssendungen, die ja ebenfalls aus ihrer Zahlenlastigkeit nicht herauskönnen. Kenntnisreiche Journalisten sind nicht gefährlich. Das Risiko des Auftritts wird durch die journalistischen Agenten bloß potenziert. Angelegt ist es in der Äußerung des Repräsentanten selbst. Das Statement liegt in der Verantwortung des Redenden.

Die Erfahrung von Risiko führt immer wieder zu der Idee, im Einzelfall das Statement zu verweigern. Dahinter steht ein Irrtum: Daß wir nichts sagen, heißt nicht, daß das Issue nicht mehr relevant ist. Vor allem Fernsehbeiträge zelebrieren deshalb gern das Telefax des Unternehmens (»Keine Stellungnahme«). Mit der Verweigerung wird abermals das Risiko bloß potenziert. Das heißt nicht, daß es nicht Auftrittssituationen gibt, in denen es nichts zu gewinnen gibt. Aber es sind wenige.

Deutsche Sachlichkeit und protestantische Kargheit

Auftrittsberatung ist zwei Vorbehalten ausgeliefert, einem deutschen und einem protestantischen. Der deutsche Vorbehalt sitzt tief. Heinrich Mann läßt seinen »Untertan« Diederich Heßling aufsagen, was alle eint, denen ansprechende Aufmachung suspekt ist. »Deutsch sein«, doziert Heßling, »Deutsch sein heißt sachlich sein«. Das war so apodiktisch gemeint, wie es heute noch gilt. Zwar bedeutet »serious« auch in anderen Sprachen immer auch »ernst«, die deutsche Kultur aber hat diese Konnotation besonders verinnerlicht. Ernst ist gleich gut. Nur nicht immer hörer- oder zuschauerwirksam.

Erstrebenswert scheint der deutschsprachigen PR das nicht Ausgeschmückte, das Graue, wohingegen schön Anzusehendes und gelungene Attraktion als anrüchig gelten. Das fein Angerichtete gilt immer schon als eher französisch, das gut Geredete als Sache der Engländer. Und das gut Gekleidete? Der feine Anzug, gute Krawatte und originelles Hemd als Beleg des Unseriösen? Oder umgekehrt, die unansehnliche Kleidung als Ausweis des seriösen Beraters? (Der deutsche Vorbehalt lebt auch in der Palette der Beratertypen. Daß der eigene Auftritt attraktiv sei oder gar »inszeniert«, würden sich die meisten deutschen Berater verbitten.[27])

Der zweite Vorbehalt ist ein protestantischer. »Die Sünde ist bunt – das Heil ein karges Wort«, an solchen Gemeinplätzen erkennt man, mit welchem Glaubenskrieg wir es zu tun haben. Der Anstrengung der Inszenierung des Auftritts steht nicht nur das Deutsche entgegen, auch das Verdikt »sich kein Bild machen«. Das Wort soll nur ausgesprochen werden, fast ohne Ausdruck. Es wirkt für sich, ganz ohne Zutun der Sinne. Das Evangelium wirft die Form ab und ist sich selbst genug. Daß jemand gern das Wort hört, ist hier schwer vorstellbar und nicht gewünscht. Ästhetische Kategorien sind nicht anwendbar. Das Schöne ist keine relevante Kategorie des Gotteswortes und das Erhabene vom Übel. Protestantische Kargheit ist der Gegenpol des rhetorisch Attraktiven. Aber selbst noch das Karge ist inszeniert – nicht anders als die »Echtheit« und unanhörbare »Natürlichkeit« mancher Zeitgenossen.

Das ist ersichtlich das Gegenteil des Katholischen: Erst die anziehende Aufmachung des sakralen Auftritts hat rhetorischen »drive«. Reliquie und Hostie sind seine Produkte und die Predigt seine Aktion.[28] Wir sind ersichtlich beim Gegenteil des protestantisch Kargen – und des Deutschen zumal. Als Prototyp aller Auftritte mag man sich die romanisch-südländische Form des Priesterauftritts vorstellen. Abgehobenes, das durch Sterbliche nicht zu erreichen ist, gibt die Gewähr für höchste Attraktion, die Berührung des Gewandes bei der Audienz, der Dämmerschein katholischer Barockkirchen, ihre Gerüche, Klänge und Gesänge (das rhetorische *delectare*). Besonders aktuell: Veränderungen (*movere*) haben ihre Vorbild in Prozession und Pilgermarsch. Selbst noch der Dresscode, um mit dem i-Punkt moderner Auftrittsberatung zu schließen, zeigt das. Die Bühnenkleidung katholischer Priester und sogar die der wirklich nicht diesseitigen buddhistischen Mönche, beides verwendet das tiefrote Gewand. Mit einem Wort: Zinnober.[29]

7
Die Handwerksfelder von PR und Rhetorik

Nach einer Überzeugungsmethode für seine Zigarren befragt, antwortet Zino Davidoff: »Ich habe kein Marketing gemacht. Ich habe immer nur meine Kunden geliebt.« Die Schnelligkeit der Antwort läßt auf das Wissen um die Wirkung schließen. So etwas kommt an. Ganz ohne Methode, immer aus dem Bauch.

Wenn ein neunzigjähriger Schweizer Unternehmer das sagt, dann geht das. Wenn ganze Branchen kaum sagen können, wie sie den Auftritt für die Kunden vorbereiten, paßt das zwar ebenso in die Landschaft, aber es läßt uns fragen: An welchen Methoden fehlt es?

Die Praktische Rhetorik und auch Public Relations sind bis heute »PR-Kunde« geblieben,[1] nicht anders als die Heilkunde Medizin, die selbst keine Wissenschaft ist, sich aber Daten aus den Wissenschaften holt. In der Antike war die Rhetorik noch eine *techne*, was meint: eine eigenständige Disziplin und immer Praxis und Theorie gleichzeitig,[2] niemals nur »Techniken« und Tips wie auf ihrer heute gebräuchlichen Schwundstufe. Weil das der praktischen PR nicht genügen kann, lohnt es sich, begründete Methoden aufzuzeigen und auszutauschen. Auf einigen Feldern können sich Rhetorik und Public Relations gemeinsam professionalisieren.

Topik. Die Kunst der Q and A

Issues Management fragt: Worüber wird aktuell geredet? Die praktische Frage der PR Beratung heißt: Worüber reden wir im Speziellen? Und im Weiteren: Was reden wir darüber? In Auftrittsberatung gewendet heißt das: Wer redet darüber, und wie reden wir darüber? Das darf nicht bedeuten, daß Auftrittsberatung von der Form her kommt. Es bedeutet aber, daß sie beides können muß: Inhalt und Form gestalten, und sie muß beim Inhalt beginnen, und der beginnt mit dem Einfall. Allein Aristoteles hinterließ Tausende von Seiten über die *inventio*, das Finden des Stoffes. Das ist das Feld des Redenschreibens etwa, und vor allem der »Q and A« (FAQs).

Die Kunst der Q and A ist ein Feld der Gesprächsrhetorik. Die Kreierung von Antworten braucht systematisches Handwerk, das gibt es bislang in den deutschsprachigen PR offenbar nicht; keine einzige Publikation läßt sich finden, die sich mit dem Verfassen von Q and A befaßt. In angelsächsischen Publikationen geht daran kein Weg vorbei.[3] Es sind im Idealfall vorbereitete Statements. Q and A können für zwei vollkommen verschiedene Zielsituationen vorbereitet werden. Entweder sie informieren über Sprachregelungen – oder sie sind Produkt der Auftrittsvorbereitung und sollen das Aussprechen unterstützen:

1. Q and A sind die offizielle Antwort (»Refine and polish the wording«).[4] Dies ist einer der Gründe dafür, sie auszuformulieren. Das ist soweit richtig, als Argumente und Sprachregelungen (»policy«) in der Organisation oder Hierarchie vermittelt werden müssen. Für Presse und Kunden (FAQs, »frequently asked questions«) ist das die richtige Prozedur. Auch in der Top-Down-Durchsetzung mag das richtig sein.

2. Q and A sind ein Vorbereitungsprodukt. Spätestens im Executive Coaching für Auftritte erweisen sich die allermeisten dieser Texte aber als unbrauchbar; hier kommt es vor, daß Vorstände solche Antwort-Litaneien demonstrativ beiseite legen. Der Klient läßt sich Formulierungen nicht vorschreiben. Allenfalls liest er solche Texte, um sich einzuarbeiten und zu konzentrieren. Damit repräsentieren solche Q and A – abermals – nur die Vorstufen Selbstverständigung und Vorbereitung, sie bleiben Typ 1. Für die *actio* sind die Q and A als Texte nicht geeignet, es sei denn, der Repräsentant ließe sich darauf ein, sie vorzulesen oder auswendig zu lernen. Die Q and A als Beratungsprodukt vorgefertigter Antworten leiden besonders an rhetorischer Methodenarmut:
– Der Umfang ist unangemessen, die Antworten sind zu lang. Eine Antwort auf einer Pressekonferenz, Hauptversammlung oder nach einer Präsentation ist ca. 20–50 Sekunden lang.
– Der Sprachstil ist nicht mündlich. Die Kurztexte sind schreibdenkend entstanden und können nur schwer sprechdenkend reproduziert werden. Was dann entsteht, ist das Produkt ausformulierter Text.
– Der Sprachstil ist nicht derjenige des Antwortenden. Selbst wenn der Text hörverständlich und sprechbar wäre, wer wollte die Antwort so vorlesen?
– Die Anordnung der Gedankenschritte ist aneinandergereiht. Es fehlt an Methoden zur Bauform der Botschaft (s. Seite 29f.).

Schon im »Inhalt« gibt es vielfach Probleme. Dazu gilt es zu überlegen: Was wollen wir eigentlich sagen? Wir sind auf dem Feld der Topik, der

Suchmethoden nach Argumenten. Man benutzt überall einsetzbare, universale Handlungspunkte, die als Grundlage von Generierungsanweisungen taugen: Was war früher, was ist heute, was wird morgen sein, oder auch: Wo sind die Gruppen, die wir ansprechen? Bei Aristoteles sind die Topoi immer auch Ausgangspunkt einer Argumentation, also Methode der Anschlußfähigkeit.[5]

Wie in der Mathematik mit dem »Einmaleins« hat die Rhetorik mit der Topik eine Heuristik der Argumentsuche zur Verfügung. Sie erschließt die Inhalte als die »Summe gesellschaftlicher Einbildungskraft«.[6] Was die Hörer denken, muß in der Äußerung vorkommen. Die Topik geht von Ausgangssätzen als Grundelementen aus. Danach sucht sie nach den dem Issue inhärenten Eigenschaften, das Für und Wider des Sachverhaltes, die Argumente. Für die Kreierung der Antwort werden:
– Inhalte und Techniken zusammengestellt,
– Suchmuster für Inhalte und Argumente erarbeitet.

Das Alltagswissen kennt Topoi wie den Bescheidenheitstopos und den Unsagbarkeitstopos. Auch »Kundenfocus« ist inzwischen zum Topos geworden, zu einem Begriff, auf den jeder zurückgreifen kann. Die Topik gibt Denkprinzipien oder »Suchpfade« zu den Argumenten. Die einzelnen Topoi sind nicht nur die Argumente selbst, sondern die Orte, wo sie aufzusuchen sind (*sedes argumentorum*[7]). Cicero sagt, daß man Gold leicht schürfen könne, wenn man wisse, wo und wie es zu suchen sei.

Das systematische (topische) Befragen einer Person oder Sache hat ein Ziel: Möglichst vollständige Auskunft und möglichst vollständiges Eingehen auf virtuelle Gegenargumente. Die Topik ist mehr als eine Findekunst, da der Vorbereitende für die Wahl der Topoi die gesamte Issues-Diskussion überblicken muß. Ein umfassendes Wissen ist Voraussetzung.

Nach der Arbeit mit topischen Suchsystematiken ergibt sich die Frage: Wie läßt sich mit dem gefundenen Material der Hörer wirksam ansprechen? Die überzeugende Antwort benutzt dazu den expliziten Anschluß an das Frageinteresse etwa (»Ich dachte mir, daß Sie das interessiert«). Redelehrer werden deshalb nicht müde, auf eine Frage hinzuweisen: Whats in it for me? Sie plädieren für Nutzen-Argumentationen und Vorteilsversprechen am Beginn der Antwort selbst.

Aber oft schon die Fragen der Q and A machen den Klienten Probleme. Entweder sind sie zu affirmativ für mögliche Krisen – etwa »Beschreiben Sie die Vorteile Ihres neuen Produktes!« – oder sie sind zu kompliziert. Damit sind sie ähnlich überladen und für die Aktion ungeeignet. Die aktuell gestellte Frage und die kunstvoll antizipierte Frage der Vorbereitung lassen sich kaum übereinbringen. In der Findung der Fragen zu den Antworten ist Formulierkunst nicht gefragt, denn es zählt nur der Kern. Anders gesagt: Die Fragen zu den Q and A dürfen keine sein, denn es ist nicht zu erwarten, daß die Fragen genau so gestellt werden. Es macht keinen Sinn, wortreich Fragen zu erfinden, die so ohnehin nicht gestellt werden. Die Fragen dürfen nur Themen sein. Fragen-Erarbeitung ist damit Suche nach möglicherweise strittigen Themen (issues). Wie die Topik in den Public Relations nötig ist, so nötig ist sie im Issues Management. Strategisch ist die Topik erstens Teil der Issues-Analysen.[8]

Zweitens ist die Topik eine Stufe tiefer zugleich Inhaltsfindung der Rede. Alle modernen Brainstorming-Verfahren sind topisch, ebenso ein Großteil moderner Kreativitätstechniken.[9] Dies können zum Beispiel einfache Listen sein, die nach pro und contra anordnen.

PRO	CON

Der Inhaltsfindung folgt die Aufbereitung für die Aktion: Die Redeplanung der Q and A setzt die Bauform der Botschaft konsequent um: Vom Anschluß (*common ground*) zum Ziel. Es werden daraufhin Stichwörter entstehen, die in eine rhetorische Form passen müssen. Ausnahme sind Sachfragen für Hauptversammlungen, die im Backoffice als Text vorbereitet werden.

Die Topik erarbeitet Inhalte für Rede wie für die Antwort auf Hauptversammlungen und Pressekonferenzen. Die gefundenen Inhalte gelten

im Idealfall für Rede und Gespräch gleichermaßen. Es ist wirkungsvoll, in der Rede einige Sachverhalte zu nennen, die dann in der Q and A-Session vertieft werden können. Es kann sogar gelingen, in der Rede diese Aussagen als Anreiz für mögliche Fragen regelrecht zu setzen. In den Antworten läßt sich dann darauf Bezug nehmen. Die rhetorischen Aufgaben der Antwort wären dann erfüllt:
– anschließen (gemein machen),
– vertiefen, ggf. amplifizieren,
– auf einen Zielsatz zuspitzen (der dann als Soundbite dienen kann).

Auf diese Weise lassen sich selbst »ungefragte Antworten« entwickeln: Botschaften des Hauses. In der Vorbereitung ist es unerheblich, ob die Antworten auf zugesandte oder antizipierte Fragen hin entstehen oder Aussagenbündel sind, die vom Haus ungefragt entwickelt und in die Antworten eingestreut werden.

Schreiben fürs Hören. Der Rollenwechsel des Redenschreibers

»Reden schreiben«[10] ist eines der Stiefkinder der Public Relations. Der Text wird für die Rede genommen, die Chart-Folge ist vermeintlich schon »die Präsentation«. Produkt vor Aktion. Deutlicher als hier sind die Wechsel der PR kaum irgendwo zu sehen. Die Aktion braucht zwar Produkte, aber sie sind nur ihre Voraussetzung. Die Manuskriptform muß zum Klienten passen: Vom Text zur Person.

»Schreiben fürs Hören«[11] ist gefragt. An einigen Universitäten in den USA ist es als »speech writing« Unterrichtsfach,[12] während die deutschsprachige PR-Ausbildung hierzu fast nichts vorfindet – und auch wenig anbietet. Das ist besonders fahrlässig. Wer eher in BWL statt in Grammatik und Rhetorik ausgebildet ist und dennoch Redenschreiben muß, ist darauf kaum vorbereitet. Im Verfassen von Pressemeldungen versiert zu sein qualifiziert nicht zum Redenschreiben. Es fehlt zudem an Anleitungen, denn die meisten Stilistiken orientieren sich am Leseverstehen, während Reden auf das Hörverstehen zielen – ein Unterschied, der in vielen Redetexten deutlich wird, mit einem Sprachstil, der nicht anders ist als der einer Pressemeldung. Die Schreib-Stilistik allein genügt also nicht. Vor allem Methoden für Inhaltsfindung (*inventio, topik*) und Struktur von Texten (*dispositio*) fehlen der Public Relations-Praxis: In den gängigen Schreib-Ratgebern fehlt der Aufbau.[13] Weder der Beginn des Prozesses noch dessen Ende im eventuell mündlichen Vortrag (*actio*) werden thematisiert. Auch aus diesem Grund genügt Stilistik nicht; denn sie bleibt im Sprachstil (*elocutio*) stecken. Herkömmliche Manuskripterstellung speist ihre Erfahrung teils auch aus der Politik; der Bundestag gilt noch immer als Vorbild. Ehemalige Redenschreiber namhafter Politiker dominieren den Markt: Der konventionelle Reden-Berater liefert weiterhin Manuskripte.[14] Das genügt heute nicht mehr. Der Auftritt braucht Methoden, die die Aktion mitbedenken.

Produktionsstufen

Die alte Rhetorik verfügte mit den Produktionsstufen über Systematiken der Textkonzeption. Zunächst eine verkürzte Liste der Produktionsstufen der Rede:[15] *inventio* (Erfindung) – *dispositio* (Denkstil) – *elocutio* (Sprachstil) – *memoria* (Einprägen) – *pronuntiatio/actio* (Sprechstil). Die Aufgabenfelder des Redenschreibers lassen sich jetzt genauer beschreiben auf Basis der rhetorischen Systematiken:
- Themen-Management (*inventio*),
- Aufbau und Struktur (*dispositio*),
- Argumente finden (*topik*),
- Stichwortkonzepte zum freien Reden (*elocutio*),
- Präparieren für die Sprechfassung (*actio*),
- ggf. Texten für vorlesbare Manuskripte.

Die *inventio* ist die Methode, den Gegenstand zu finden und für die Situation zu modifizieren – mit zwei Schwerpunkten:
1. Die Funktion innerhalb des Aufbaus der Rede.
2. Die Funktion im Hinblick auf das erwünschte Redeziel, das heißt die erwünschte Wirkung der Rede.

Die *inventio* erforderte über Jahrhunderte ein breites Allgemeinwissen, heute wenigstens die Fähigkeit, den Gegenstand positionieren zu können. Schon die Inventio ist parteiisch; sie sucht diejenigen Wahrheiten, die überzeugen können.[16] Heute ist sie im Wesentlichen die Methode der Kreativität,[17] etwa um methodisch unterstützt zu assoziieren. Um nicht stereotyp in den wiederkehrenden Sprachformen zu texten, bieten sich Methoden an, die von amerikanischen Psychologen entwickelt worden sind: Sie firmieren unter dem Begriff »mind mapping«, Gedankenkarte.[18] Diese Methode versucht, statt des herkömmlichen regelgeleiteten Schreibprozesses einen Vorgang ›tiefer‹ angesiedelter Sprachfindung zu nutzen – allerdings nicht linear wie beim Schreiben in Zeilen. Für das Schreiben von hörverständlichen und sprechbaren Stichwortkonzepten oder Redemanuskripten sollte Mind Mapping deshalb nur eine Vorstufe sein.

In praktischer Auftrittsberatung erscheint die Inventio etwas moderner:

Brainstorming I: Aufbereiten von Unternehmensdaten für den Auftritt,
Brainstorming II: Vorerfahrungen, Interessen und Befürchtungen des Publikums aufbereiten,
Brainstorming III: Zielsätze erarbeiten,
Brainstorming IV: Argumente nach Wirkungsinteresse auswählen.

Dispositio

Die *dispositio* ist die Anordnung der ›Erfindungen‹ nach der Bauform der Rede. Sie erfolgt immer mit Blick auf das Redeziel, denn die Argumente sind so anzuordnen, daß sie das Wirkungsziel befördern. Cicero etwa unterscheidet in bezug auf die juristische Rede zwischen geeigneten, schlagkräftigen Argumenten und solchen, die eher von sekundärer Bedeutung sind. Er empfiehlt dem Redner, die schlagkräftigen Argumente an jene Stellen der Rede zu setzen, an denen die Aufmerksamkeit der Zuhörer am größten ist: an Anfang und Ende der Rede. Die anderen Argumente sollen dazwischen plaziert werden. Die antike Rhetorik unterschied eine vorausgesetzte, natürliche Ordnung der Dinge (*ordo naturalis*) von Abweichungen (*ordo artificialis*), das heißt eine offene und durchsichtige Ordnung von einer kunstvollen und auf Wirkung bedachten. »Als eine natürliche Ordnung galt die Abfolge von Einleitung, Gegenstandsbeschreibung, Beweisführung und Schlußfolgerung. Die natürliche Ordnung kann aufgefaßt werden als erwartbare Dispositionsnorm einer Redegattung, während die künstliche Ordnung jede Abweichung vom erwarteten Aufbau bezeichnete. Es ist aber auch möglich, als natürliche Ordnung einen Aufbau anzusehen, der selbst aus dem Gegenstand folgt, während ein artifizieller Aufbau den Gegenstand unter sekundären Gesichtspunkten betrachtet.«[19] Von bestimmten Argumenten ist dann abzuraten, wenn Öffentlichkeiten überzeugt werden sollen, etwa von Vorwürfen jeder Art. Die Argumentation *ad hominem* (lat., an die Person) ist zu vermeiden. Auch Topoi der Drohungen, Argumentation *ad baculum* (lat., Drohung mit dem Stock) ist für Auftrittssituationen des Managements wenig wirkungsvoll.

Die Arbeit der Disposition folgt heute zeitlichen Kreativitätstechniken wie etwa Mind Mapping. Allerdings kann das Hören nicht innerhalb eines Assoziationsgestrüpps wählen; es braucht später wieder eine lineare

Gliederung, also nicht mehr die Gedankenkarte. Disposition ist Arbeit an einem Denkstil, der zum Ende hin aufbaut. Es braucht für die Gedanken die Redeplanung der Botschaft, also das Gegenteil des »Leadsatz«-Prinzipes, der Nachricht, dessen Bauform das Wichtigste zuerst sagen läßt.

Es kann Ziel der *elocutio* sein, die sprachlichen Fähigkeiten des Redners in möglichst positivem Licht erscheinen zu lassen. Das aber ist in der Alltagsrede des Spitzenmanagements eher ein Hindernis, druckreifes Reden ist oft nicht direkt genug und entspricht in vielen Fällen nicht dem mündlichen Prinzip. Insbesondere die kunstvolle Einkleidung der Rede – in der Antike elementarer Bestandteil der *elocutio* – ist für heutige Wirtschaftsrhetorik zu relativieren. Der *ornatus*, der Redeschmuck steht den allermeisten Redezielen im Wege. Die *elocutio* existiert heute in der Stilistik. Deren Ziele sind die Sprachrichtigkeit (*latinitas*, auch *puritas*) und die Deutlichkeit (*perspicuitas*). Weitere Forderungen aus der Antike gelten noch heute: Die Worte sollen »gebräuchlich«, »deutlich« und »am rechten Orte angebracht« sein.[20]

Der mündliche Sprachstil ist anders als der schriftliche; Lese- und Hörtexte sind in vielen Punkten verschieden. Deshalb heißt Redenschreiben: »Schreiben fürs Hören«.[21] Die Ziele sind
– Sprechbarkeit unterstützen,
– Hörverständlichkeit unterstützen.

»Schreiben fürs Hören« heißt in der Konsequenz: Erst nach der Erarbeitung der Inhalte (z.B. durch Assoziieren) und der Redeplanung beginnt die Arbeit an der Satzplanung und die Erstellung eines Stichwortkonzeptes oder Manuskriptes. Selbst wenn ein Manuskript zum Vorlesen entstehen soll, wird dieser Text erst hörverständlich, wenn das vorherige leise Formulieren als Vorstufe zum Text fungiert, wenn das Aufgeschriebene also vorher mündlich ausgesprochen worden ist. Damit schließt eine Arbeit ab, die vom Inhalt zur Sprachform führt:

– Zielsätze definieren.
– An geeigneten Orten nach möglichen Argumenten suchen.
– Nach System ordnen.
– Zielsätze bestimmen.
– Alles darauf ausrichten.
– Manuskript oder Stichwortkonzept erarbeiten.

Sätze fürs Hören sollten auch mündlich entstehen. Erst das Mitbedenken des Hörers schon beim Schreiben läßt eine Mitteilungshaltung aufbauen. Wer schreibt, indem er/sie Sätze erst lautlos und gestikulierend zu einem

Gegenüber spricht, hat dazu gute Chancen. Immer sollte durch lautes oder halblautes Sprechen die Probe auf Hörverständlichkeit folgen. Mündliches Formulieren vor dem Aufschreiben verhindert vor allem die Informationsdichte des Textes. Das bietet gute Chancen für angemessen kurze Sätze, die nicht zu sehr verschachtelt sind: Schreiben in Sinnschritten.[22]

Vorheriges freies Formulieren vor dem Aufschreiben mag wie ein »Umweg« anmuten, bringt aber im Sinne des Zieles Hörverständlichkeit einen erheblichen Gewinn. Über diesen Weg läßt sich methodisch sicher ein Stil erreichen, der zugleich sprechdenkend entwickelt und hörverständlich ist. Erst mündlich formulieren, dann aufschreiben.

Zur Sprachform des ausformulierten Textes gibt es einige Publikationen, die Regeln für den Sprachstil enthalten. Deshalb soll hier nur eine Auswahl vorgestellt sein:

»Schreiben fürs Hören«: Regeln

1. Wichtige Begriffe wiederholen!
2. Verben verwenden!
3. Sätze mit nur einem Kern!
4. Den Kern im Satz nach hinten!
5. Jedes Häufen von Informationen (Verdichten) vermeiden!
6. Für jeden Gedanken einen eigenen Sinnschritt oder Satz!
7. Nur selten und nur kurze eingeschobene Gedanken!
8. Nur geläufige Fremdwörter verwenden!
9. Konkret und anschaulich!
10. Eher Aktiv als Passiv verwenden!
11. Zahlen aufrunden oder anschaulich machen!
12. Stereotype, wiederkehrende Formen (Sprachmuster) vermeiden!

Im Durchschnitt werden in deutschen Großunternehmen 58 Reden pro Jahr gehalten, ca. 31 davon von den Vorständen. Eine Befragung der 500 größten deutschen Unternehmen ergab, daß klassische Reden von 83% der Befragten als Instrument unternehmenspolitischer Arbeit gesehen werden, 76% gaben an, die Rede sei auch PR-Instrument. Als Führungsinstrument wird sie mit 56% noch immer seltener angesehen. In 10% der Fälle waren es externe Berater, die die Rede verfaßten. Einer der Gründe für die magere Zahl mag in der unbefriedigenden Prozedur liegen: Wenn die Rede lediglich vorgelesen wird (Stichwortkonzepte zählen nicht als »Reden«) und daher im Sprechstil oft nicht befriedigt, sollen wenigstens Denkstil und Sprachstil auf den Redenden abgestimmt sein. Vermeintlich leistet das ein Externer nicht gut genug. In 36% der Fälle wurden die Redetexte vom Redner selbst vorbereitet.[23] Das verlangt vom Redenschreiber besondere Fähigkeiten:

> Nicht selten werden externe Redenschreiber von den verantwortlichen Kommunikatoren des Unternehmens eingesetzt, um den positiven Sparringseffekt nutzen zu können, den ein Externer erzielt. Der Externe bringt vielleicht frische Ideen mit. Seine Unabhängigkeit macht ihn zudem oftmals ehrlicher bzw. offener. In einer Auseinandersetzung mit dem CEO gefährdet er nur einen Auftrag, nicht aber seine ganze berufliche Existenz. Reden werden gut, wenn die Chemie zwischen Redner und Redenschreiber stimmt. Wenn Eitelkeit und Eifersüchtelei seitens des Schreibers keine Rolle spielen. Und wenn der große Stratege, für den die Rede entwickelt wird, nicht zu der vollkommen beratungsresistenten Sorte gehört. Reden werden noch besser, wenn sie von jemandem verfaßt werden, der dem Redner als Externer offen gegenübertreten kann, der nicht zum »Hofstaat« gehört und der nicht der Gefahr unterliegt, durch dauernde Nähe zu den Themen betriebsblind zu werden.[24]

Der Redenschreiber als Sparringspartner, das ist die Chance auf einen griffigen Sprachstil. Hier entsteht eine Vorlage, die weder zum bloßen Vorlesen zwingt noch den Redner ohne ein Konzept läßt. Das ist effizient. Das Briefing könnte entfallen, wenn das Konzept mit dem Redenden selbst erarbeitet wird. Die Vorbereitungszeit könnte effizienter investiert werden, mit Methoden, die der Redenschreiber-Branche am Ende ein weniger deprimierendes Zeugnis ausstellt. Das Ergebnis muß dann nicht unbedingt ein Vorlese-Text sein.

Der Klient kann so frei nach einem Stichwortkonzept formulieren. Diese Kunst des Stichwortkonzeptes ist hinreichend beschrieben.[25] Sie macht den Redenschreiber zum Coach. Reden gemeinsam mit dem Repräsentanten vorzubereiten verlangt Eigenschaften, die in der Organisation und oft auch in Beratungsgesellschaften schon strukturell nicht ausgeprägt sind:

> Redentexte gehören zu den teuersten Texten, die man extern kaufen kann. Dafür wiederum gibt es gute Gründe. Denn ein guter Redenschreiber vereinigt eine Reihe von Talenten, die in dieser Kombination knapp und entsprechend teuer sind: Sicherheit im Umgang mit hoch stehenden Persönlichkeiten, Gewandtheit im Ausdruck, Einfühlungsvermögen in die Persönlichkeit und Ausdrucksweise des Redners, hohes wirtschaftliches Grundverständnis ... einen weiten Bildungshorizont, Musikalität (als Voraussetzung für wirksames gesprochenes Wort), hohe strategische Auffassungsgabe, Durchsetzungsvermögen. In wenigen Worten: ein wunderbarer Mensch.[26]

Der Redecoach bereitet mit dem Redner das rhetorische Konzept vor, analysiert die Zielgruppe und kreiert gemeinsam mit dem Klienten am konkreten Beispiel die Unternehmens-Botschaften. Hierzu liefern Beratungsgesellschaften häufig Produkte zu, sie müssen es aber nicht immer.

Hier entstehen Stichwortkonzepte und hier werden eventuelle Charts ausgewählt oder modifiziert. So ist das Vorlesen allenfalls noch für die Hauptversammlung nötig.

Ein solches Redenschreiben ist eine Arbeit für Redner und »Schreiber« teils in raumzeitlicher Einheit. Angelsächsische Ratgeber weisen auf diesen Umstand des One-on-one hin. Beginnend mit einer »Briefing session, a day or two«,[27] wird Redenschreiben zur Teamarbeit. Im Gespräch am PC beginnt der Prozeß der Stichwort-Erarbeitung, Formulierungen entstehen, was der Klient sagen möchte wird vom Reden-Coach in eine sprechtaugliche Form gebracht werden:

> Arrange a session in which you sit on the Computer and the speaker sits beside you, looking at the screen. You bring the notes up onto the screen and, in conjunction with a conversation you hold with the speaker, start writing.[28]

Danach werden, noch immer »in Aktion«, Varianten der Rede und andere Äußerungen auf Stringenz geprüft. Wichtig ist, daß zu keinem Zeitpunkt Schriftsprache (Sprachstil, *elocutio*) entsteht. Anschließend wird die Äußerung mehrmals durchgeprobt, geschärft und immer erneut einem Feedback unterzogen. Die Endphase nach der Schreib-»session« enthält weitere Schritte, teils mit, teil ohne Mitarbeit des Klienten:
- letzte Chart-Vorschläge auswählen,
- diese im Stichwortkonzept nummerieren,
- letztmalig die Stimmigkeit von Einstieg und Schluß prüfen,
- den Sprechstil für die jeweilige Situation proben.

Die Produktlastigkeit des Redenschreibens ist damit aufgehoben. Auf diese Weise überschneiden sich Redenschreiben und Executive Coaching, mit der Chance auf Überzeugen, mit Äußerungen, die aktuell sind, nah an der Situation, und originär auf den Redenden zugeschnitten. Ein Mehrwert einer solchen Rede-Vorbereitung sind wiederverwendbare Stichwortkonzepte in Word Dateien, die sich für andere Situationen modifizieren lassen. Vielfach wird dennoch ein ausformuliertes Manuskript erwartet, etwa für Pressekonferenzen oder Tagungs-Proceedings. Dafür ist auch der umgekehrte Weg möglich: das Stichwortkonzept zu einem Text ausformulieren.

Die eingangs erwähnten Wechsel der Public Relations-Beratung – vom Text zur Person, vom Produkt zur Aktion – bedingen auf der handwerklich-methodischen Stufe also den Trend zum Coaching. Räumliche Nähe für jede Rede ist allerdings kein Dogma. Stichwortkonzepte lassen sich dann wieder im Einzelfall aus der Ferne erstellen, wenn sich Redner und Redenschreiber gut kennen – und wenn der Redner die Methode kennt und beherrscht. Es ist heute nicht mehr professionell zu nennen, wenn nur ein Manuskript geliefert wird. Es gibt kein Produkt, das als PR-Leistung für die rhetorische *actio* ausreichend wäre. Insofern könnte der Redenschreiber als Textformulierer ein Auslaufmodell sein.

Überzeugen vor Mikrofon und Kamera

Früher waren die Aussagen substanzieller, früher, als das Fernsehen noch nicht die Helden machte und der »Inhalt« zählte. Genauerem Hinsehen hält das nicht stand. Für die Qualität der Antwort ist das Fernsehen mitnichten verantwortlich. So sehr Kürze die Maßgabe sein mag, die Kamera läßt durchaus Substanz in der Rede zu. Gnadenlos entlarvt die Mattscheibe mangelnde Fähigkeit des Auftritts, besonders die, sich kurzzufassen. Inzwischen beugt der Schnitt der Langeweile des Publikums vor. Die Schnitte werden heftiger und die Redezeit kürzer.

Medienrhetorik ist existenzielles Feld der Public Relations. Auch auf diesem Feld leistet die angelsächsische Politik Pionierarbeit. In den USA ist Medientraining Übungsfach an politischen und Business-Universitäten. »Überzeugen vor Mikrofon und Kamera«[29] erweist sich auch hier als notwendig. Nach der inhaltlichen Planung braucht es individuelle Fähigkeiten. Wer in der Öffentlichkeit redet, sollte vertraut sein mit den Bedingungen der Medien-Rhetorik. Medienäußerungen brauchen vor allem individuelle Fähigkeiten wie Prägnanz und Kürze. Zudem entscheidet auch der Sprechstil über die Wirkung.

Die Redaktionen der Sender beklagen einhellig: Die Antwort ist zu lang oder kommt nicht auf den Punkt. Durch umfängliche »Q and A« eher verwirrte Vorstände scheitern regelmäßig. Audiovisuelle Medien verlangen schnelle Antworten, die zudem die Hörer und Zuschauer wirklich einbeziehen und erreichen. Vor allem der Fernsehauftritt ist eine »Mündliche Prüfung«.[30]

Auftrittsberatung für Mikrofon und Kamera-Situationen ist nicht nur ein Trainingstag. Sie stellt zusätzlich praktische Fragen. Die Beratung muß das Gesamte im Blick haben. Vier verschiedene TV-Sender etwa wollen denselben O-Ton mit vier verschiedenen Krawatten, damit nach außen, dem Kunde Zuschauer gegenüber, der Überdruß des immer Gleichen erspart bleibt. Das Originäre der Rede ist am Ende nur der Dresscode. Ein nur scheinbar überzogenes Beispiel:

Die Medienrhetorik verlangt einige Besonderheiten:
- extreme Kürze: Das Statement hat in der Regel 20–25 Sekunden,
- Klarheit der Formulierung, weil meist nur wenige Sätze den Publikum zu Ohren kommen,
- ein kameragerechter Dresscode.

Das Risiko des Auftritts ist in den redenden Medien enorm. Journalisten verfolgen eingeübte Strategien. Zum Beispiel wird ein Reporter oder Moderator immer nach Problemen fragen oder auch nach Verantwortung. Hinter den Fragen stehen professionelle Strategien, die der Botschaft des Antwortenden nicht affirmativ gegenüberstehen. Das macht die Fragen noch keineswegs böse. Professionelles Medien-Coaching besteht deshalb nicht aus der Exerzierung von »Überfall-Interviews«. Solche methodischen Beschränkungen verkennen, daß dies die Arbeitsbedingungen von Reportern und Moderatoren sind. Seriöse Vorbereitung dagegen muß zu einem realistischen Umgang mit TV-Journalisten raten. Auftrittsberatung für Medien muß vorbereiten für
1. aufgezeichnete Äußerungen, die geschnitten und kommentiert werden – das häufigste Vorgehen,
2. live-Auftritte.

Die Situationen sind entweder Statements (Monologe) oder Interviews (Dialoge).

a) Statements (Monologe)
Aus Stellungnahmen vor Mikrofon und Kamera werden oft nur wenige Sätze in einen Beitrag eingeschnitten. Die kurze Äußerung braucht deshalb eine medientaugliche Form und sollte den Schnitt durch Kürze und Präzision unnötig machen. Ohne ein Training des timing geben Sprecher selten Statements ab, die nicht gekürzt werden. Es ist die Kunst des Medienstatements, die Antworten in verschieden langer Zeit anzubieten – damit es keinen Grund zur Unterbrechung oder zum Schneiden gibt. Schlechte Originaltöne, das heißt aus der Sicht der Reporter oft einfach: inkompetente O-Ton-Akteure, der CEO, der vertuscht und Nichtssagendes redet.[31] Nur ein vorbereitetes Statement ist ein gutes Statement. Das bedeutet keineswegs, Antworten auszuformulieren und zu reproduzieren. Redeprozeduren wie Auswendiglernen oder Vorlesen von einem Teleprompter verhindern überzeugenden Sprechstil.

Vor allem müssen die Botschaften inhaltlich vorbereitet sein. Das Ergebnis dieser Vorbereitung sind Stichworte. Damit sie überzeugend sind, brauchen sie die Redeplanung der Botschaft; Das Zielsatz-Prinzip ist hier *non plus ultra* (vgl. S. 34f). Im Idealfall erhält der Sender Soundbites, die sowohl die Botschaft des Hauses sind als auch individuell gefärbt sind, zwar als Stichwort vorbereitet, aber in der Situation ausformuliert.

b) Interviews (Dialoge)
Die schwersten Situationen sind live-Schaltgespräche. Im Studio sitzt oder steht der Antwortende, der fragende Moderator befindet sich im TV-Studio. Hier kommt es darauf an, während der Fragen in den Monitor mit dem Moderator/der Moderatorin zu sehen und für die Antworten in die Kamera.

Auftrittsberatung für Medien muß zudem folgende Fragen beantworten:
– Wie lange soll Statement-Folge oder Interview dauern?
– Unter welchen Bedingungen?
– Welche Themen sollten definiert werden?
– Wieviele Äußerungen können und sollten vorbereitet werden?

Medien zwingen zur Modifikation der Botschaft, oft auch zu ihrer Komprimierung. Die Medienrhetorik ist insofern Hindernis und Hebel zugleich. Hindernis insofern, als die Äußerung aus dem Zusammenhang entnommen wird. Hebel wird Medienrhetorik, indem die Botschaft vervielfältigt wird und zur Verkürzung und Präzision zwingt. Das nützt auch allen anderen Botschaften des Hauses. Deshalb geben Executive Coaches aus einem Medientraining heraus Inhalte in den Kommunikationsapparat zurück, so daß sie auch in Schriftprodukten weiterverarbeitet werden können.[32]

Hauptversammlung und Pressekonferenz

Hauptversammlung

Die Not der Orientierung[33] ist paradoxerweise dort am größten, wo Daten scheinbar für sich selbst sprechen. Zahlen sind quasi-objektiv, stehen aber auch der Interpretation anheim. Das rhetorische Prinzip gilt auch hier. Investor Relations sind wesentlich mündliche Kommunikation. Analysten, Rating- und Fondsmanager wissen, daß das Studium von Charts nicht die Entscheidungen von Managern voraussagen kann. Deshalb müssen sie das Management kennenlernen. Der Manager, mit dem sie reden, soll von seinem Geschäft begeistert sein.

Studien zu Investor Relations zeigen: 85% der Fondsmanager achten auf die Überzeugungskraft des Vorstandes.[34] Eine andere Studie des »Handelsblatt« hat gezeigt, daß Schriftprodukte wie Geschäftsberichte weniger beachtet werden, als die Unternehmen glauben. Mündliche Kommunikation wird signifikant effizienter eingestuft als schriftliche Maßnahmen. Noch die Hotline wurde vor dem Prospekt präferiert. In überzeugender Finanzkommunikation wirkt eben nicht in erster Linie alles Gedruckte, sondern die Köpfe des Managements sind wesentlich. Je näher der Kontakt, desto größer die Überzeugungschance.

Vorstände börsennotierter Unternehmen geben an, 30–50% ihrer Arbeitszeit für Investor Relations aufzuwenden,[35] 35% der Anlageentscheidungen gehen auf nicht finanzielle Aspekte zurück.[36] Die Studien sind eindeutig, deren deutlichste sagt: »CEO image is held responsible for 45% of a company´s Reputation«, ein Wert der in vier Jahren um 14% gestiegen ist. 95% (!) der befragten Analysten sagten, sie würden Aktien kaufen aufgrund des CEO-Images.[37] Deshalb muß das Management für den Auftritt vor den versammelten Kleinanlegern vorbereitet sein.

Die Hauptversammlung der Besitzer des Unternehmens ist die am weitesten ritualisierte Auftrittsveranstaltung. Sie ist Organ einer Aktiengesellschaft und muß Regeln des Aktiengesetzes befolgen. Das mag der Grund dafür sein, daß die HV seltener rhetorisch vorbereitet wird. Daß die Hauptversammlung eine Kundenveranstaltung ist, die extrem hörerorientiert und damit rhetorisch ist, ist vielen nicht klar. Zudem ist die Hauptversammlung ganz entschieden Mittel der Personifizierung der Repräsentanten. Nach einer Analyse des »Medien Tenor«[38], in der 15 Print- und TV-Medien bzw. Sendungen ausgewertet wurden, kommen in der Presseresonanz zunehmend weniger Zahlen vor als begleitende CEO-Interviews; die Passagen über Vorstände sind deutlich gestiegen. Rede und Antwort in der Hauptversammlung sind zugleich Hebel der Überzeugung; sie sollen motivieren (das rhetorische *movere*) zum Aktienbehalt und Kauf. Dazu braucht es ein überzeugendes Management:

> Verunsicherte Aktionäre haben stets eine hohe Bereitschaft (und ein Bedürfnis), sich an einer authentischen Führerfigur wieder aufzurichten. Fehler sind nicht so problematisch wie Schwäche oder Unsicherheit. Eindrücke, die in jedem Fall auch schon in der Wortwahl vermieden werden müssen.[39]

Die Hauptversammlung als Live-Event steht in der Kritik. Vorstände bereiten sich oft wochenlang auf eine Veranstaltung vor, die bei großen Gesellschaften leicht 15–20 Millionen Euro kosten. Die Abschaffung der

Hauptversammlung ist deshalb ein beliebtes Thema im Wirtschaftsteil, etwa alle zwei, drei Monate kehrt es wieder. »Zehn Stunden Müll« nannte ein namhafter Vorstandsvorsitzender diese Veranstaltungen. 2001 waren bei DAX-30-Unternehmen nur noch 53% des stimmberechtigten Kapitals anwesend. Management-Entscheidungen werden dort nicht getroffen werden. Der Vorwurf lautet: eine überflüssige Kulisse. Hinzu kommt: Internationalität macht es in der Tat absurd, wenn Hauptversammlungen Weltreisen nötig machen. Globalisierte deutsche Unternehmen ändern ihre Satzungen, und zwar so weit, daß »auch die Beschlußfassung im Wege der Videokonferenz bzw. Videoübertragung erfolgen kann«.[40] Ein feiner Unterschied. Die Videokonferenz ist ein Auftritt.

Gegen das Live-Event spricht, daß die Veranstaltung aus dem Ruder läuft. In der Tat besteht dann diese Gefahr, wenn Berufs-Minderheitsaktionäre kritische Fragen stellen, die nicht immer konstruktiv sind. Das aber spricht abermals für Vorbereitung und – wenn überzeugend kommuniziert werden soll – gegen schriftliche Vorbereitung und die Verlesung von Antworten.

Das Internet scheint auf den ersten Blick die Alternative zu sein. Virtuelle Abstimmungen werden schon gelegentlich durchgeführt. »Virtuell« ist aber der falsche Begriff, er bedeutet »nur der Möglichkeit nach«, nicht wirklich vorhanden. Wirklich vorhanden aber werden die Vorstände sein, wenn auch nur medial.

Ein Raum für Inszenierung und Profilierung des Managements wird die Hauptversammlung bleiben. Vor allem Aktionärsschützer schätzen es, den Vorstand beurteilen zu können, wenn man ihn drei oder vier Stunden live erlebt. Ob live oder virtuell, an der rhetorischen Vorbereitung und Ausführung ändert das fast nichts. Vortragen und überzeugend antworten werden auch gefragt sein, wenn Live-Auftritte seltener werden.

Herkömmliche HV-Vorbereitung geht dennoch meist nur bis zum Text und nicht weiter. So steht der Vorstandsvorsitzende vor seinen Eigentümern und kann die Unternehmensentwicklung oft nur blaß vorlesen, wenn die Shareholder mit Schriftsprache konfrontiert sind. Aufsichtsrat und Vorstand finden meist ein inhomogenes Publikum vor. Ist der Anteil der freien Aktionäre »free float« hoch, dann ist es besonders wesentlich, im Sprachstil zu vereinfachen. Hörverständlichkeit und Sprechbarkeit ist notwendig:
– kurze und wenig verschachtelte Sätze,
– wenig Fachbegriffe.

Der Rechenschaftsbericht kann vom Finanzvorstand präsentiert werden, aber in der Regel wird der CEO dies tun. Kenner der HV-Rede weisen

Die Handwerksfelder von PR und Rhetorik 133

auf eine rhetorische Redeplanung hin. Sie ist auf Zielsätze hin gebaut: »Der Aufbau einer HV-Rede sollte im Idealfall dialektisch sein. *Denn man will am Ende auf eine Entscheidung hin zuspitzen.*« (!):

Alles, was während der Rede an Argumenten gesammelt wird, sollte sich in ein dialektisches Raster einfügen, das am Ende die Entscheidung zum Nachkaufen unterstützt.« Drei Kernelemente sollten nacheinander abgehandelt werden, um am Ende die innere Bereitschaft der Aktionäre bzw. der Kapitalkunden optimal geweckt zu haben:
Aktionäre dort abholen, wo sie derzeit emotional eingekehrt sind, beispielsweise beim Ärger über die jüngsten Kursrückgänge, beim Skandal um XY, bei der gekürzten Dividende oder auch bei positiven Highlights wie dem Stolz auf eine neue Baureihe u. ä. Anschließend sollten Sie das letzte Geschäftsjahr und die ersten Monate des neuen Geschäftsjahrs anhand von »Meilensteinen« nacherzählen. Die Einordnung der Meilensteine in die zu Grunde liegende Strategie darf dabei nicht vergessen werden (15 bis 20 Prozent Anteil am Gesamtmanuskript).
Numbercrunching. Falls nicht ein Auftritt des Finanzvorstandes für den Rechenschaftsbericht geplant ist (wenn er das in überzeugender Form kann, sollte er das unbedingt tun), sollte im Mittelteil der HV-Rede eine von Zahlen geprägte Zusammenfassung der Entwicklung von Umsatz, Ergebnis, Bilanz etc. erfolgen (bis zu 30% Anteil am Gesamtmanuskript).
Tief Luft holen und dann die Strategie beim Blick nach vorne mit viel Leben füllen, Phantasie und Begeisterung wecken! Den Aktionären mitteilen, warum sie genau diese Aktie besitzen müssen und keine andere. Warum Sie für diese Firma arbeiten und für keine andere. Warum es auch keinen besseren für diese Aufgabe gibt als genau dieses Management. Hier gilt es, die Person des CEO mit der Unternehmensstrategie glaubhaft zu verschmelzen (etwa die Hälfte des Gesamtauftritts für diese Erläuterung der »Mission«, das Herzstück der Equity-Story, nutzen).

Meist ist der Text wohlformuliert, kommt aber schlecht an. »Das Problem ist der Redner, nicht die Rede.«[41] Das spricht abermals für individuelle Vorbereitung. Ist der Text von einem Redenschreiber vorformuliert, bleibt nur das Training der Textpräsentation (Betonungen, Pausen etc.). Sollte der Vorstandssprecher mit einem Teleprompter arbeiten wollen, geschieht das entsprechende Training. Davon ist abzuraten; schon bei Fernsehmoderatoren führt das zum immer gleichen Singsang – vor allem, wenn der Umgang nicht trainiert ist. Besser ist es, die Rede frei nach Stichwortkonzepten vorzubereiten – ggf. auf der Basis des vorbereiteten Redetextes. Vom Papiermanuskript oder vom Teleprompter vorlesen ist unbefriedigend. Vorlesen könnte als Ausnahme im Reigen der CEO-Redesituationen angesehen werden. Aber auch in der HV sollten Stichwortkonzepte möglich sein, frei reden auf der HV ist möglich.[42] Statt des Redemanuskriptes kann ein Stichwortkonzept entstehen. Das tut dem Ritual keinen Abbruch. Da dem Stil der HV ein Pult angemessen ist, können die Stichwörter auch auf üblichem Papier ausgedruckt sein und dort liegen. Erst dann ist das Ablesen des Manuskriptes passé.

Das Recht auf umfassende Auskunft ist verbrieft. Das erklärt noch nicht die immer wieder zu lang und zu ungeordnet geratenen Antworten. Vor allem der »Zustand allgemeiner Kopflosigkeit und Hektik«[43] darf den Antworten nicht anzuhören sein. Zur Vorbereitung ist auch hier eine Topik geeignet, ein Katalog von Fragen zu Vorbereitung:[44]

– Welche Anstrengungen hat das Unternehmen gemacht, um hervorragende Mitarbeiter zu gewinnen?
– Wie ist es um die Leistungsbereitschaft der Mitarbeiter bestellt?
– Mit welchen Produkten und Innovationen will das Unternehmen sein Marktstellung ausbauen?
– Welche absehbaren politischen Rahmenbedingungen kann das Unternehmen nutzen und welche können ihm schaden?
– Entspricht die Unternehmenspräsenz und -struktur den zunehmend globalen Anforderungen?
– Welcher Ertrag darf von den Investitionen erwartet werden?

Für die Antwort entwickelt man am besten Antwortmuster. Das sind methodisch gesehen niemals Texte. Zu empfehlen sind auch hier Stichwortkarten, wie unter »Q and A« erklärt (Seite 117 f).

Pressekonferenz

Die Pressekonferenz soll informieren und sonst nichts. Deutsche Public Relations bekunden das, und dennoch findet man die verwegensten Interpretationen der Tatsachen, die vorstellbar sind. Die Pressekonferenz ist eminent strategisch; sie ist rhetorisch.[45]

»Checklisten« in Büchern sind zur Unsitte geworden. Aber um diese – sie ist nicht vom Autor – kommen wir nicht herum:
– Kamerawinkel definieren.
– Lichteinfall prüfen.
– Impedanz des Tones prüfen.
– Fotos antizipieren (Von welcher Seite könnte/sollte der CEO fotografiert werden?).
– Wo werden wir stehen?
– Wie ist der Hintergrund?
– Ist die Dresscode-Arbeit abgeschlossen?
– Ist die Dramaturgie der Rede angepaßt?

- Sind Soundbites definiert?
- Ist das Staging abgestimmt?
- Ist der Sprechstil definiert?
- Wie kommt der CEO herein?
- Kann er einige Schritte für die Kamera machen –
  in welche Richtung, woher kommend?

Aus einer deutschen Pressekonferenz kann dies nicht sein, und in der Tat sind das Fragen, die in dieser Geballtheit in Übersee gestellt werden und die ich nur aus einigen der dort gängigen Listen übersetzt habe. »Advanced Work« nennen amerikanische Wahlkampfstrategen solche Algoritmen aus Inszenierungsaufgaben. Solche Fragen zu stellen wird zur professionellen Aufgabe aller, die sich daran machen, das Gebaren von Menschen zum Zwecke ihrer öffentlichen Wirksamkeit zu verbessern. Das Erstere ist ein Mittel der strategischen PR, weil es Bilder produziert. Bilder, auf denen Gesichter reden, haben bessere Chancen, auf die Agenda zu kommen als gedruckte Wörter. Issues machen sicherer Karriere, wenn sie durch Menschen repräsentiert werden.

Die »inszenierte Pressekonferenz«[46] wird zur Regel, wo der Wechsel vom Text zur Person und vom Produkt zur Aktion vollzogen ist. Aber die Inszenierung muß maßvoll sein. In der Pressekonferenz geht sie sinnvollerweise nur so weit, daß sie die Attraktion unterstützt, und es den Journalisten nicht langweilig wird, eine Minimalforderung, mit der deutsche Unternehmen noch gut zu tun haben. Die attraktive Pressekonferenz ist schon deshalb schwer herzustellen, weil schon der Ablauf herkömmlich ist: Ein Vortrag des Vorstandes, eine Fragerunde (Q and A session), anschließend Interviews mit einzelnen Journalisten. Im Fall der Bilanz-PK schließt sich meist eine Analystenveranstaltung an. So bleibt als Hebel nur die »Performanz der Auftretenden«.

Auch in der PK kommt es auf die Prozedur des Redens an. Wenn gerade noch in der Hauptversammlung das Vorlesen eines fremdgeschriebenen Textes angebracht sein mag, ist das schon in der Pressekonferenz unnötig. In der Pressekonferenz ist freies Reden die Methode der Wahl.[47] Dafür und für die Vorbereitung kurzer Antworten (»auf den Punkt kommen«) gilt dasselbe wie für die Hauptversammlung. Noch dringender ist es in der Pressekonferenz, daß die Q and A nicht ausformuliert sind. Wenn nach Stichwörtern frei gesprochen wird, wird deutlich besser zugehört und weniger im Text gelesen. Die Vorbereitung der Aktion vermindert das Risiko des Auftritts, seltener das Klammern an Text und Produkt.

Executive Coaching

Kern der alten Rhetorik war die Redelehre. Sie zielte auf die Fähigkeiten des Redners, mit den Anlagen (*natura*), Kunst und Wissen (*ars, doctrina*) und Übung (*exercitio*). In der modernen Sprechwissenschaft ist das Ziel nicht mehr nur individuelle Höchstleistung des Reden, sondern Gesprächsfähigkeit.[48] Die Vorbereitung des Auftritts ist selbst Aktion. Auftrittswirkungen wie »andressiert« deuten weniger auf Trainings als auf Briefings hin, Ratschläge-Produkte oder Beratungsgespräche. Beratung kann Coaching nicht ersetzen. Das hat zwei Gründe:

1. Tips und Anweisungen brauchen Klienten, die sie lediglich umsetzen. Die neuere Generation von Spitzenmanagern tut das gerade nicht, vor allem nicht, ohne sie erprobt zu haben.
2. Trainingskompetenz erfordert in der Regel eine mehrjährige Ausbildung.[49] Deutschsprachige PR-Ausbildungen qualifizieren nicht annähernd für ein Executive Coaching mit Klienten.

Coaching ist ein Begriff, von dem nicht immer klar ist, wofür er gebraucht wird. Coaching heißt in seinem ursprünglichen Begriff »Plattform für Bewegung«. Seine zweite Intension ist: Training. Gelegentlich soll der Coaching-Begriff etwas modern aufwerten, das heute nötiger ist als je: Diese Lernen muß im Falle von Spitzenmanagern sofort in Praxis eingehen und am Ergebnis kontrollierbar sein. Deshalb ist im Executive Coaching meist eine Arbeit an definierten Situationen gefragt. Aber es gibt auch Coaching, das auf alle zu erwartenden Situationen zielt:

a) prophylaktisches Coaching:
Ein oder mehrere Spitzenmanager werden für alle zu erwartenden Situationen vorbereitet. Oder es werden bestimmte Situationen trainiert, die aber auf keinen konkreten Termin oder Auftritt hin führen.

b) Vorbereitung auf eine definierte Situation:
Ziel der Vorbereitung sind konkrete Auftritte, die in der Regel nur wenige Tage später stattfinden: Hauptversammlung, Pressekonferenz, TV-Auftritt, Analystenpräsentation, Mitarbeiterveranstaltung oder Führungskräftekonferenz.

Kaum ein Vorstand geht heute noch in ein Seminar Exponierte Personen bereiten sich deshalb nicht in Seminar-Gruppen vor. Einer der Gründe für Einzelcoaching: Zeit. In Gruppen sind Trainings- und Feedback-Effekt für den Einzelnen geringer. Auch Vertraulichkeit verlangt Einzel-

(Sprachstil), nicht ober den Denkstil des Aufbaus. Eine der wenigen Ausnahme ist Perrin 2000
14 Allenfalls Bazil 2002 und Roehreke 2002 machen Vorschläge, die über das bloße Manuskript hinaus gehen.
15 Einige dieser Ausführungen modifizieren die einer Website: nach rhetorik-homepage.de
16 Cicero, De orate II, 102, nach rhetorik-homepage.de
17 vgl. Blumenschein/Ehlers 2002
18 Häusermann 2001; Wachtel 2003/2
19 nach rhetorik-homepage.de
20 nach rhetorik-homepage.de
21 Wachtel 2003/2
22 Wachtel 2003/2
23 Studie 2001 im Auftrag der »Wirtschaftswoche«, durchgeführt von Poncet Marketing Partner
24 Hülsbömer 2002
25 z. B. Franken/Wachtel 2000, Geißner 2000, Roehreke 2002, Wachtel 2003/2
26 Hülsbömer 2002
27 Foster 2002, 122
28 Foster 2002, 122
29 Vgl. Wachtel 1999
30 Financial Times, 7.8.2000, 27
31 vgl. Bolender-Wachtel 1999, 49f.
32 vgl. Repräsentanz Expert. 2003
33 Kirchner/Brichta 2002, 18ff.
34 vgl. Wirtschaftswoche, 14/2000, 211
35 vgl. Tiemann/Flach 2001, 108
36 Ernst&Young-Studie 1997, zit. bei Schönborn/Fischer/Langen 2001, 8
37 Studie von Burson Marsteller 2001
38 Vgl. Medien Tenor 4/2001, 38f.
39 Hülsbömer 2002/1
40 SAP, Vorschlag des Vorstandes zur HV am 3.5.2002
41 Hülsbömer 2002
42 Hülsbömer 2002
43 Hülsbömer 2002
44 vgl. Medien Tenor 4/2001, 38f.
45 vgl. Wachtel 1999, 175f.
46 Mikunda 2002, 130
47 Kirchner/Brichta 2002, 202; Seitz 2003; Wachtel 2001
48 Einer der Zentralthesen von Geißner 2000
49 Einen Überblick über Trainerqualifikationen bietet Bolender 1998, 61f.
50 vgl. Geißner 2000; Wachtel 2003/1
51 vgl. Kuhlmann 1999; Wachtel 2003/1

8
Corporate Speaking: Zwischen Wirtschaftsrhetorik und Corporate Communications

1 vgl. Schönborn/Fischer/Langen 2001, 7
2 vgl. Repräsentanz Expert. 2003 (Hrg.)

Literatur

Ahrens, Rupert; Knödler-Bunte, Eberhardt, Die Affäre Hunzinger – ein PR-Missverständnis. Hrgg. im Auftr. d. DPRG. Berlin 2003
Althaus, Marco M. (Hrg.), Kampagne! Neue Strategien für Wahlkampf, PR und Lobbying. Münster/Hamburg/London 3. Aufl. 2002
Althaus, Marco M., Bildkommunikation. Kameratauglich in die Kampagne; in: Kampagne!2, hrgg. v. M. M. Althaus u. V. Cecere. Münster/Hamburg/London 2003. S. 324–345
Antrecht, Rolf, Public Relations: Die Ratlosigkeit der Manager; in: PR- und Medienberater, hrgg. v. S. Bolender-Wachtel, Frankfurt a. M./New York 1999. S. 13–18
Aristoteles, Poetik, Übersetzung, Einleitung und Anmerkung von Olof Gigon. Stuttgart 1981.
Aristoteles, Rhetorik, übers. v. G. Sieveke. München 3. Aufl. 1989
Aristoteles, Topik, in: Philosophische Schriften, übers. v. E. Rolfes, Bd. 2. Hamburg 1995
Aristoteles, Nikomachische Ethik, in: Philosophische Schriften, übers. v. E. Rolfes, Bd. 3 Hamburg 1995
Avenarius, Horst, Public Relations. Die Grundform der gesellschaftlichen Kommunikation. 2. Aufl. Darmstadt 2000

Bacon, Francis, Neues Organon. Hrgg. v. A. Kirchmann. Berlin 1870
Baerns, Barbara, Schleichwerbung lohnt sich nicht. Plädoyer für eine klare Trennung von Redaktion und Werbung in den Medien. Neuwied/Kriftel/Berlin 1996
Barthel, Henner (Hrg.), Lógon didónai. Gespräch und Verantwortung. Festschrift für Hellmut Geißner. München 1996
Barthes, Roland, Die alte Rhetorik, in: ders., Das semiologische Abenteuer, Frankfurt a. M. 1988. S. 15–101
Bartsch, Elmar, Die »harte Nachricht« als inventio- und dispositio-Hilfe für Gesellschaftsreden; in: Perspektiven der angewandten Linguistik, hrg. v. W. Kühlwein. Tübingen 1987. S. 161–163
Bate, Paul, Cultural Change, Strategien zur Änderung der Unternehmenskultur. München 1997
Bazil, Vazrik, Die Rede als PR-Instrument. Immanenter und kontextualer Ansatz; in: Kommunikationsmanagement, hrgg. v. G. Bentele, M. Piwinger u. G. Schönborn. Neuwied 2002. 5.12
Beasley, Ron; Danesi, Marcal: Persuasive Signs. The Semiotics of Advertising. Berlin 2002
Becker, Wolfgang, Wahrheit und sprachliche Handlung. Freiburg und München 1988
Bentele, Günter; Szyska, Peter (Hrg.), PR-Ausbildung in Deutschland. Wiesbaden 1995
Bentele, Günter; Steinmann, Horst; Zerfaß, Ansgar, Dialogorientierte Unternehmenskommunikation. Berlin 1996

Bentele, Günter; Piwinger, Manfred; Schönborn, Gregor (Hrg.), Handbuch Kommunikationsmanagement. Luchterhand/Kriftel 2001ff.
Bentele, Günter, Das Image der Image-Macher; in: FAZ, 26.5.2003, 24
Berglas, Steven, Die gefährlichen Nebenwirkungen falschen Coachings; in: Harvard Businessmanager, 1/2003, S. 98–105
Bernays, Edward L., Public Relations, New York 8. Aufl. 1980
Biege, Angela; Bose, Ines (Hrg.), Theorie und Empirie in der Sprechwissenschaft. Festschrift für Eberhard Stock. Hanau/Halle/S. 1998
Blaes, Ruth, Heussen, Gregor Alexander. ABC des Fernsehens. Konstanz 1997
Blumenberg, Hans, Wirklichkeiten, in denen wir leben. Stuttgart 1986
Blumenschein, Annette; Ehlers, Ingrid Ute, Ideen-Management. München 2002
Bolender, Sabina (Hrg.), Managementtrainer. Frankfurt a. M./New York 1998
Bolender-Wachtel, Sabina (Hrg.), PR- und Medienberater. Personen – Leistungen – Basics. Frankfurt a. M./New York 1999
Bolz, Norbert, Geschichte des Scheins. München 2. Aufl. 1992
Bornscheuer, Lothar. Topik. Zur Struktur der gesellschaftlichen Einbildungskraft. Frankfurt a. M. 1976
Brauer, Gernot, Wege in die Öffentlichkeitsarbeit. Konstanz 2. Aufl. 1996
Brauner, Detlef Jürgen; Leitolf, Jörg; Raible-Besten, Robert; Weigert, Martin M. (Hrg.), Lexikon der Presse- und Öffentlichkeitsarbeit. München 2001
Bremerich-Vos, Albert, Populäre rhetorische Ratgeber. Historisch-systematische Untersuchungen. Tübingen 1991
Bronner, Rolf; Staminski, Helmut (Hrg.) Evolution steuern – Revolution planen. Über die Beherrschbarkeit von Veränderungsprozessen. Bonn/Dover/Fribourg 1999
Bühler, Axel, Einführung in die Logik. Freiburg u. München 3. Aufl. 2000
Burger, Harald, Sprache der Massenmedien. Berlin 1990
Burson-Marsteller (UK), CEO image and company reputation; in: Investor Relations Magazine, June 2000
Buschardt, Tom, Öffentlichkeitsarbeit: Hörfunk. Berlin 1998
Buss, Eugen, Propaganda, Anmerkungen zu einem diskreditierten Begriff; in: Stimmungen, Skandale, Vorurteile, hrgg. v. M. Piwinger. Frankfurt/M. 1998
Buss, Eugen, Das emotionale Profil der Deutschen. Frankfurt a. M. 1999
Butler, Judith, Bodies that matter. New York 1993

Castarphen, Meta G.; Wells, Richard A., Writing PR. Boston 2003
Cialdini, Robert, B., Influence – third edition, New York 1993 (dt., Die Psychologie des Überzeugens. München 1997)
Conger, James A., Die Hohe Kunst des Überzeugens; in: Harvard Business Manager, 1/1999, S. 31–41

Deekeling, Egbert, Informationsmanagement und Relationchip-Development; in: Das Handbuch der Unternehmenskommunikation. Neuwied und Köln 1998
Deekeling, Egbert; Barghop, Dirk (Hrg.), Kommunikation im Corporate Change. Maßstäbe für eine neue Managementpraxis. Wiesbaden 2003
Deekeling Identity & Change, Website deekeling.de, 2003

Dieball, Werner jr., Körpersprache. Wahrheit oder Lüge. Bonn 2002
Dovifat, Emil; Wilke, Jürgen, Zeitungslehre. 2 Bde. Berlin 1976
DPRG (Hrg.), Aus- und Fortbildung. Broschüre 2001

Fast, Julius, Body Politics., 1980. (dt.: Die Geschäftssprache des Körpers. Düsseldorf 1981)
Fengler, Jürgen, Profil von Führungskräften, Vortrag auf dem PR-Tag, Frankfurt a. M. 5/2001
Fischer-Lichte, Erika; Fleig, Anne, Körper-Inszenierungen. Präsenz und kultureller Wandel. Tübingen 2000
Förster, Hans-Peter, Zweitberuf: Pressesprecher. Mit einem Beitrag von Stefan Wachtel. Neuwied und Kriftel 3. Aufl. 2001
Förster, Hans-Peter, Corporate Wording®. Frankfurt a. M., 2. Aufl. 2002
Forum Healthcare (Hrg.) Facing the Challenges of Healthcare Revolution. Kommunikation als Erfolgsfaktor in einem sich verändernden Gesundheitsmarkt. o. O. 2002
Foster, John, Effective Writing Skills for Public Relations. New York 2001
Foster, Timothy R. V., Better Business Writing. London 2002
Foster, Richard, Caplan, Sarah, Creative Destruction. New York 2001
Franck, Georg, Ökonomie der Aufmerksamkeit. München/Wien 1998
Franck, Norbert, Presse- und Öffentlichkeitsarbeit. Köln 1996
Franken, Friedhelm, Der Ghostwriter in Öffentlichkeitsarbeit und PR: Der Redenschreiber; in: Der Reden Berater. Bonn 1997. 3.226, S. 1–15
Frey, Siegfried, Die Macht des Bildes. Bern Göttingen Toronto Seattle 1999
Fuhrberg, Reinhold, Die Guten und die schlechten: Zur Qualität externer PR-Beratung; in: PR- und Medienberater, hrgg. v. S. Bolender-Wachtel. Frankfurt a. M. u. New York 1999. S. 40–48
Fuhrmann, Manfred, Die antike Rhetorik. München/Zürich 3. Aufl. 1990

Geißler, Ewald. Rhetorik, 2 Bde. Leipzig 1910 u. 1914
Geißner, Hellmut, Rede in der Öffentlichkeit. Stuttgart 1969
Geißner, Hellmut, Über die Doppelstruktur des Argumentativen; in: sprechen 2/1986. S. 4–14
Geißner, Hellmut, mündlich : schriftlich. Analysen vorgelesener und freigesprochener Berichte. Frankfurt a. M. 1988
Geißner, Hellmut, »Für LeererInnen der Trickkiste« Über unredliche Argumente; in: Interdisziplinäre Sprachforschung und Sprachlehre. Tübingen 1990. S. 45–49
Geißner, Hellmut, Der ungedeckte Scheck. Eine Bilanz marktkonformer Rhetorik; in: Sprechen, Führen, Kooperieren, hrg. v. E. Bartsch. München/Basel 1994. S. 349–357
Geißner, Hellmut, Über den Brustton der Überzeugung – zur Sozialkritik des Imponiergehabes; in: Die Ausdruckswelt der Stimme, hrgg. v. H. Gundermann. Heidelberg 1998/1. S. 102–108
Geißner, Hellmut, sympeithein: Von der Notwendigkeit des Überzeugens; in: Perspektiven einer Kommunikationswissenschaft, hrgg. V. Krallmann, H. W. Schmitz., 2 Bde. Bd. 2. Münster 1998/2, 391–405

Geißner, Hellmut, Kommunikationspädagogik. Transformationen der »Sprech«-Erziehung. St. Ingbert 2000
Geißner, Hellmut, Artikel »Lasswellformel«, in: Historisches Wörterbuch der Rhetorik, Bd. 5, hrgg. v. G. Ueding. Tübingen 2001
Geißner, Hellmut, Rhetorisches per Internet?; in: »Es ist Zeit den Traum zu bauen«. Stuttgart 2002. S. 51–67
Geißner, Hellmut; Herbig, Albert F.; Wessela, Eva (Hrg.), Wirtschaftskommunikation in Europa. Tostedt 1999
Geißner, Hellmut; Leuck, Hans Georg; Schwandt, Bernd, Gesprächsführung – Führungsgespräche. St. Ingbert 3. Aufl. 2001
Geißner, Hellmut; Wachtel, Stefan, Schreiben fürs Hören; in: Muttersprache 3/2003
Gerling, Rolf; Obermeier, Otto-Peter, Risiko – Störfall – Kommunikation. München 1994
Gerling, Rolf; Obermeier, Otto-Peter, Risiko – Störfall – Kommunikation 2. München 1995
Gerling, Rolf; Obermeier, Otto-Peter; Schüz, Mathias (Hrg.), Trends – Issues – Kommunikation. München 2001
Görner, Bernd; Necker, Gerhard, Bauernregeln für Führungskräfte. Frankfurt a. M./Wien 2002
Göttert, Karl-Heinz: Einführung in die Rhetorik. Grundbegriffe – Geschichte – Rezeption. 3. Aufl. – München 1998
Gutenberg, Norbert, Einzelstudien zu Sprechwissenschaft und Sprecherziehung. Göppingen 1998
Gutenberg, Norbert (Hrg.), Die Rhetorik der Wirtschaft und die Wirtschaft der Rhetorik. Tostedt 1999
Gutenberg, Norbert, Einführung in Sprechwissenschaft und Sprecherziehung. Frankfurt am., Bern et al. 2002
Grunig, James E.; Hunt, T., Managing Public Relations. New York 1984

Habermas, Jürgen, Strukturwandel der Öffentlichkeit. Darmstadt u. Neuwied 16. Aufl. 1984
Hamann, Christoph, Medienberatung in der Politik: Das Tony-Blair-Phänomen; in: PR- und Medienberater, hrgg. v. S. Bolender-Wachtel. Frankfurt a. M./New York 1999. S. 87–94
Häusermann, Jürg, Journalistisches Texten. Konstanz 2. Aufl. 2001
Häusermann, Jürg, Medienrhetorik. In: Rhetorik. Ein internationales Jahrbuch, Bd. 14, hrgg. v. J. Dyck, W. Jens u. G. Ueding. Tübingen 1995. S. 30–39
Häusermann, Jürg (Hrg.), Inszeniertes Charisma. Tübingen 2001
Häusermann, Jürg; Käppeli, Heiner, Rhetorik für Radio und Fernsehen. München 2. Aufl. 1994
Haft, Fritjof, Juristische Rhetorik. Darmstadt 6. Aufl. 2000
Henckel v. Donnersmarck, Marie; Schatz (Hrg.), Roland, Fusionen gestalten und kommunizieren. 4. Aufl. Bonn/Dover/Fribourg 2003
Hettiger, Andreas; Kalivoda, Gregor; Robling, Hans-Hubert; Zinsmaier, Thomas (Hrg.), Historisches Wörterbuch der Rhetorik, Tübingen 1992–2004, 8 Bde.

Herbst, Dieter (Hrg.), Der Mensch als Marke. Konzepte – Beispiele – Experteninterviews. Göttingen 2003

Hübler, Axel, Das Konzept »Körper« in den Sprach- und Kommunikationswissenschaften. Stuttgart 2001

Hülsbömer, André, Das Problem ist der Redner, nicht die Rede. Die HV-Rede – Anker im strategischen Aktienmarketing; in: Finance H. 9/2002

Hülsbömer, André, The key to »Core«; in: Finance H. 6/2003

Huth, Lutz, Medientheorie. Arbeitspapier aus dem Bereich Theorie der verbalen Kommunikation. Unveröffentlichtes Seminarpapier HdK Berlin, Studiengang Gesellschafts- und Wirtschaftskommunikation o.J. (1999)

Image-Foundation e. V. (Hrg.), Quellen der Identität. Das Selbstverständnis deutscher Top-Manager der Wirtschaft. Düsseldorf o. J.

Jankowitsch, Regina Maria, Im Rampenlicht der Börse. Mit Charisma zum Erfolg. Frankfurt a. M. 2001

Joachimsthaler, Erich, Mitarbeiter – die vergessene Zielgruppe der Markenerfolge; in: Absatzwirtschaft, 11/2002

Jung, Holger; v. Matt, Jean-Remy, Momentum. Die Kraft, die Werbung heute braucht. Hamburg 2002

Kant, Immanuel, Kritik der reinen Vernunft, hrsg. v. E. Cassirer. Berlin 1958

Kepplinger, Hans Matthias, Darstellungseffekte. Freiburg/München 1987

Kinter, Achim (Hrg.), Chefsache Issues Management. Frankfurt a. M. 2003

Kirchler, Erich M., Wirtschaftspsychologie. Göttingen/Bern/Toronto/Seattle 1995

Kirchner, Alexander; Brichta, Raimund, Medientraining für Manager. Wiesbaden 2002

Kirchner, Baldur; Kirchner, Alexander, Rhetorik und Glaubwürdigkeit. Wiesbaden 1999

Klewes, Joachim; Güttler, Studie CEO-Kommunikation. Düsseldorf 2001

Knape, Joachim, Allgemeine Rhetorik. Stationen der Theoriegeschichte. Stuttgart 2000

Kocks, Klaus, Das Elend der PR. Zur praktischen Philosophie der Öffentlichkeitsarbeit. Reihe Public Relations, Bd. 1. Wiesbaden 2001

Kocks, Klaus, Glanz und Elend der PR, Vortrag auf Tagungen »Die Macht der Medien«, Bringmann Managemententwicklung, Berlin 2002

Kocks, Klaus, Authentizität; in: Corporate Speaking, hrgg. v. Repräsentanz Expert. Bonn/Dover/Fribourg 2003

Köhler, Kerstin; Kuhlmann, Martin; Skorupinski, Christine, Workshop: Wirtschaft – Ethik – Rhetorik; in: Rhetorik zwischen Tradition und Innovation, hrgg. v. A. Mönnich. München/Basel 1999. S. 184–190

Kopperschmidt, Josef, Allgemeine Rhetorik. Berlin Köln Mainz 1976

Kopperschmidt, Josef, Das Ende der Verleumdung. Einleitende Anmerkungen zur Wirkungsgeschichte der Rhetorik. in: Rhetorik, Bd. II, Wirkungsgeschichte der Rhetorik, Darmstadt 1991, 1–33

Kuhlmann, Martin, Last Minute Programm für Vortrag und Präsentation. Frankfurt a. M./New York 1999
Kuhlmann, Martin; Wachtel, Stefan, So machen Sie Ihre Stimme fit.; in: Der Reden-Berater, hrg. v. F. Franken, B. Spillner u. G. Ueding, H. 3/1998, Bonn. 9–18
Krech, Eva-Maria; Richter, Günther; Stock, Eberhard; Suttner, Jutta (Hrg.), Sprechwirkung. Grundfragen, Methoden und Ergebnisse ihrer Erforschung. Berlin 1991
Kriebel, Wolf-Henning, Das 5-Ebenen-Modell. Bonn 1993
Kunczik, Michael, Public Relations. Konzepte und Theorien. Köln/Weimar/Wien 4. Aufl. 2002
Kurz, Josef; Müller, Daniel; Pötschke, Joachim; Pöttger, Horst, Stilistik für Journalisten. Wiesbaden 2002

Lasswell, Harold D., The Structure and Function of Communication in Society, in: The Communication of Ideas, hrg. V. L. Bryson. New York/London 1948/1
Lasswell, Harold D., Power and Personality. New York 1948/2
Lay, Rupert, Kommunikation für Manager. Düsseldorf 2. Aufl. 1990
Le Bon, Gustave, Psychologie der Massen. Stuttgart 15. Aufl. 1982
Lenhart, Heinrich; Wachtel, Stefan, 7% Inhalt: Wie ein Virus entsteht. Zur Inhalt-Form-Problematik in der Rhetorik-Literatur; in: Rhetorik. Ein internationales Jahrbuch, Bd. 20, hrgg. v. P. D. Krause. Tübingen 2002. S. 149–156
Liebl, Franz, Der Schock des Neuen. Entstehung und Management von Issues und Trends. München 2000

Maletzke, Gerhard, Kommunikationswissenschaft im Überblick. Opladen 1998
Malik, Fredmund, Führen – Leisten – Leben. Stuttgart 2000
Martens, René, Prominenzkarrieren: Christoph Daum: »Ich schwätze, also bin ich«; in: Fernsehen für die Spaßgesellschaft. Proceedings Mainzer Tage der Fernsehkritik, hrgg. v. ZDF. Mainz 2002. S. 297–303
McQuail, Denis; Windahl, Sven, Communication Models for the Study of Mass Communication. London 1993 (Erstauflage 1982)
Medien Tenor, Zschr. für Inhaltsanalysen, hrgg. v. Roland Schatz, Bonn 1999f.
Meffert, Heribert, Marketing. Grundlagen der Absatzpolitik. Wiesbaden 1991
Merten, Klaus, Vom Nutzen der Lasswellformel oder Ideologie in der Kommunikationswissenschaft; in: Rundfunk und Fernsehen 2/1974. S. 143–165
Merten, Klaus, Das Handwörterbuch der PR. Frankfurt a. M. 2000/1
Merten, Klaus, Die Lüge vom Dialog; in: Public Relations Forum, 1/2000. S. 6–9. 2000/2
Merten, Klaus; Zimmermann, Rainer (Hrg.), Das Handbuch der Unternehmenskommunikation 2000/2001. Kriftel/Neuwied/Köln 2001
Meyer, Urs, Art. »Public Relations«; in: Historisches Wörterbuch der Rhetorik. Bd. 7, ersch. 2004
Meyn, Hermann, Massenmedien in Deutschland. Konstanz 1999
Mikunda, Christian, Der verbotene Ort oder Die inszenierte Verführung. Unwiderstehliches Marketing durch strategische Dramaturgie. Düsseldorf 1996
Mikunda, Christian, Marketing spüren. Willkommen am dritten Ort. Frankfurt a. M./Wien 2002

Minto, Barbara, The Minto Pyramid Principle. London 1996
Müller-Ullrich, Burkhard, Medienmärchen. Gesinnungstäter im München 1998

Neef, Martin; Nejt, Anneke; Sproat, Richard (Eds.), The Relation of Writing to Spoken Language. Tübingen 2002
Newsom, Doug; Carroll, Bob, PR Writing. Form & Style. Wadsworth 2000
Nietzsche, Friedrich, Sämtliche Werke, Kritische Studienausgabe. München 1980
Nickl, Michael, Journalismus ist professionelle Medienrhetorik; in: Publizistik 4/1987. S. 449–467
Nöthe, Bettina, PR-Agenturen in der Bundesrepublik Deutschland. Münster 1994

Obermeier, Otto-Peter, Die Kunst der Risiko-Kommunikation. München 1999
Ong, Walter, Oralität und Literalität, Opladen 1987
Ordolff, Martin; Wachtel, Stefan, Texten für TV. München 1997
Ottmers, Clemens, Rhetorik. Stuttgart/Weimar 1996

Perrin, Daniel, Schreiben ohne Reibungsverlust. Schreibcoaching für Profis. Zürich 2. Aufl. 2000
Piwinger, Manfred (Hrg.), Stimmungen, Skandale, Vorurteile. Formen symbolischer und emotionaler Kommunikation. Frankfurt a. M. 1997
Platon, Dialoge, in: Hauptwerke. Stuttgart 1973f.
Plett, Heinrich F. (Hg.), Die Aktualität der Rhetorik. – München 1996

Quintilian, Institutio oratore. Ausbildung des Redners. Hrgg. u. übers. v. H. Rahn. Darmstadt 1975

Repräsentanz Expert. (Hrg.), Corporate Speaking. Mündliche Kommunikation des Spitzenmanagements. Bonn, Dover, Fribourg et. al. 2003
Risiko – Krise – Kommunikation, Zschr. Ästhetik und Kommunikation, H. 116. Berlin 2002
Roehreke, Imai-Alexandra, Reden schreiben. Mit einem Beitrag von Stefan Wachtel. Konstanz 2002
Röttger, Ulrike, Public Relations – Organisation und Profession. Wiesbaden 2000
Rogers, Przilla, CEO Presentations in Conjunction with earning Announcements; in: Management Quarterly Journal, Vol. 13, No. 3, Sage (US) 2000
Rosenberg, Milton J.; Hovland, Carl Ivor, Cognitive, affective and behavioral components of attitudes; in: Attitudes Organization and Change, hrgg. v. C. I. Hovland, W. J. McGuire, R. P. Abelson u. W. J. Brehm. New Haven 1960
Ruge, Nina; Wachtel, Stefan, Achtung Aufnahme, Düsseldorf 1990
Rusch, Gebhard, Einführung in die Medienwissenschaft. Wiesbaden 2002

Sandig, Brigitte, Stilistik der deutschen Sprache. Berlin/New York 1986
Schäfer, Bernd; Six, Bernd. Einstellungsänderung. Stuttgart 1985
Schanze, Helmut (Hrg.), Handbuch der Mediengeschichte. Stuttgart 2001
Schatz, Roland (Hrg.), Strategisches Informationsmanagement. Bonn/Dover/Fribourg et al. 2. Aufl. 2001

v. Schlippe, Bettina; Martini, Bernd-Jürgen; Schulze-Fürstenow, Günther (Hrg.), Arbeitsplatz PR. Neuwied/Kriftel 1998
Schmidbauer, Klaus, Die Wahrheit und nichts als die Wahrheit; in: Die Affäre Hunzinger – ein PR-Mißverständnis, hrgg. v. R. Ahrens u. E. Knödler-Bunte im Auftr. d. DPRG. Berlin 2003. S. 85–89
Schmidt, Klaus (Hrg.), Corporate Identity in Europa. Strategien, Instrumente, erfolgreiche Beispiele. Frankfurt a. M./New York 1995
Schmidt, Klaus, One Company – One Voice; in: Corporate Speaking, hrgg. v. Repräsentanz Expert., Bonn/Dover/Fribourg et al. 2003
Schneider, Wolf, Deutsch für Profis, München 8. Aufl. 1990
Schneider, Wolf, Raue, Paul-Josef, Handbuch des Journalismus. Reinbek bei Hamburg 1996
Schönborn, Gregor (Hrg.), Fischer, Holger, Langen, Ralf, Corporate Agenda. Neuwied/Kriftel 2001
Schönborn, Gregor; Molthan, Kerstin M. (Hrg.), Marken Agenda. Neuwied/Kriftel 2001
Schönborn, Gregor; Tschugg, Michael (Hrg.), Financial Agenda. Neuwied/Kriftel 2002
Schüz, Mathias, Werte – Risiko – Verantwortung. Dimensionen des Value Managements. München 1999
Schulz, Jürgen, Issues Management im Rahmen der Risiko- und Krisenkommunikation. Anspruch und Wirklichkeit in Unternehmen; in: Issues Management, hrgg. v. U. Röttger. Wiesbaden 2001, S. 217–234
Schulz, Jürgen, Anschlußfähigkeit; in: Corporate Speaking, hrgg. v. Repräsentanz Expert., Bonn/Dover/Fribourg et al. 2003
Schulz, Jürgen; Wachtel, Stefan, Rhetorik der PR-Branche in der Krise. Zur Kunst der Q and A; in: Die Affäre Hunzinger – ein PR-Mißverständnis, hrgg. v. R. Ahrens u. E. Knödler-Bunte im Auftr. d. DPRG. Berlin 2003/1. S. 171–188
Schulz, Jürgen; Wachtel, Stefan, Das Strittige (Issue) ist eine alte rhetorische Kategorie; in: Chefsache Issues Management, hrgg. v. A. Kinter. Frankfurt a. M. 2003/2
Schwertfeger, Bärbel, Die Bluff-Gesellschaft. Ein Streifzug durch die Welt der Karriere. Weinheim 2002
Seitz, Andreas, Medien-Coaching.de. Ein Marktüberblick; in: Corporate Speaking, hrgg. v. Repräsentanz Expert. Bonn/Dover/Fribourg 2003
Slembek, Edith; Geißner, Hellmut (Hrg.), Feedback. Das Selbstbild im Spiegel der Fremdbilder. St. Ingbert 1998
Sollmann, Ulrich, Schaulauf der Mächtigen. Was uns die Körpersprache der Politiker verrät. München 1999
Sprenger, Reinhard K., Mythos Motivation. Frankfurt a. M./New York 15. Aufl. 1998
Staute, Jörg, Der Consulting-Report. Vom Versagen der Manager zum Reibach der Berater. Frankfurt a. M./New York 1996
Stengers, Isabelle, Wem dient die Wissenschaft? München 1998
Steyrer, Johannes, Charisma in Organisationen. Sozial-kognitive und psychodynamisch-interaktive Aspekte von Führung. Frankfurt a. M./New York 1995
Strauss, Susanne Nicolette, »... sei behutsam im Reden«. Leitfaden für mehr persönliche Kommunikationskompetenz im Umgang mit Medien und Mitarbeitern; in:

Kommunikationsmanagement, hrgg. v. G. Bentele, M. Piwinger u. G. Schönborn. Neuwied/Kriftel 2001f.

Thommen, Jean-Paul, Glaubwürdigkeit. Die Grundlage unternehmerischen Handelns. Zürich 1996
Topitsch, Ernst (Hrg.), Logik der Sozialwissenschaften. Königstein/Ts. 12. Aufl. 1993
Toulmin, Stephen, Der Gebrauch von Argumenten. Weinheim 2. Aufl. 1996

Ueding, Gert, Rhetorik des Schreibens. Königstein/Ts. 1985
Ueding, Gert und Steinbrink, Bernd, Grundriss der Rhetorik. Geschichte, Technik, Methode. Tübingen 1986

Wachtel, Sabina, Dresscode & Style; in: Corporate Speaking, hrgg. v. Repräsentanz Expert. Bonn/Dover/Fribourg et al. 2003/1
Wachtel, Sabina, Dresscode & Style für Moderatoren und eingeladene Experten, in: Finanzplaner TV, hrgg. v. J. Birkelbach u. A. Link. Wiesbaden 2003/2. S. 79–84
Wachtel, Stefan, Einzelcoaching für Geschäftsführer und Vorstände; in: Managementtrainer, hrgg. v. S. Bolender. Frankfurt a.M./New York 1998. S. 61–71
Wachtel, Stefan, Überzeugen vor Mikrofon und Kamera. Interviews, Pressekonferenzen, Talkshows, Business-TV. Frankfurt a. M./New York 1999
Wachtel, Stefan, Unternehmensvorstände in den Fernsehnachrichten; in: Medien Tenor, 59/2000/1. S. 38–41
Wachtel, Stefan, Printmedium Fernsehen; in: CUT 11/2000/2, S. 40–43
Wachtel, Stefan, Topmanager: Vor Mikrofon und Kamera professionell auftreten; in: Harvard Businessmanager, 5/2001, S. 96–102
Wachtel, Stefan, Sprechen und Moderieren in Hörfunk und Fernsehen. Konstanz 5. Aufl. 2003/1
Wachtel, Stefan, Schreiben fürs Hören. Trainingstexte, Regeln und Methoden, Konstanz 3. Aufl. 2003/2
Wachtel, Stefan, CEO-Kommunikation und rhetorische Kompetenz; in: Kommunikation im Corporate Change, hrgg. v. E. Deekeling u. G. Barghop. Wiesbaden 2003/3. S. 65–83
Wachtel, Stefan, Wirtschaftsrhetorik; in: Corporate Speaking, hrgg. v. Repräsentanz Expert. Bonn/Dover/Fribourg et al. 2003/4
Wachtel, Stefan, Ins Ohr und nicht ins Auge. Sprache und Sprechen vor der Fernsehkamera; In: Finanzplaner TV, hrgg. v. J. Birkelbach u. A. Link. Wiesbaden 2003/5, S. 41–61.
Watzlawick, Paul; Beavin, Janet; Jackson, Don D., Menschliche Kommunikation. Bern 4. Aufl. 1974
Welch, Kathleen, Electronical Rhetoric: Classical Rhetoric, Oralism, and a New Literacy. Cambridge, MA 1999
Weischenberg, Siegfried, Journalistik. Medienkommunikation: Theorie und Praxis, Bd. 1. Opladen 1992
Weischenberg, Siegfried, Journalistik. Medienkommunikation: Theorie und Praxis, Bd. 2. Opladen 1995
Wienand, Edith, Public Relations als Beruf. Wiesbaden 2002

Wilder, Lilyan, Talk Your Way to success. New York 1991 (2. Aufl. von »Professionally Speaking«, 1986)
Winterhoff-Spurk, Peter, Medienpsychologie. Stuttgart 1999
Wiswede, Günter, Einführung in die Wirtschaftspsychologie. München 3. Aufl. 2000

Zelazny, Gene, Say it with Charts. McGraw Hill 1985f (dt.: Wie aus Bildern Zahlen werden. Wiesbaden 1988)
Zelazny, Gene, Das Präsentationsbuch. Frankfurt a. M./New York 2001
Zerfaß, Ansgar, Kommunikative Kompetenz und Unternehmensethik: Perspektiven für die interne und externe Kommunikation; in: Sprechen Führen Kooperieren, hrgg. v. E. Bartsch, München/Basel 1994, S. 297–306
Zur Bonsen, Mathias, Führen mit Visionen. Wiesbaden 1994

Register

Analyst 88
Anschluß 34, 38
Antwortmuster 134
Auftrittsberatung 82, 83, 105, 128
Ausdruck 13
auswendig lernen 49
Authentizität 83

Berater 9
Beratung 14, 53, 112
Beratungsgesellschaft 105
Beweis 63
Bewußtsein 73
Bild 56
Botschaft 29, 33
Brainstorming 52, 123, 137
Business-TV 100

CEO 97, 99, 102, 103
CEO-Kommunikation 99
Charakterbildung 61
Charisma 68, 91
Chart 53, 54
Chart-Präsentation 23
Coach 17, 105, 141
Coaching 136, 138
Corporate Communication 100, 139
Corporate Speaking 139

Denkstil 61, 64
Dialektik 43, 59
Dialog 39
Diskretion 108, 109, 141
Diskussion 100
Dresscode & Style 109, 141

Eindruck 13, 32
Einzelcoaching 137
E-Mail 48
Entertainment 92

ethos 61, 96
Executive Coaching 11, 107, 108, 127, 136
Expert. 141

Form 81
Fragen 119
frei formulieren 49
Fünfsatz 34

Gefühl 60
Glaubwürdigkeit 13, 80

Handwerk 70
Hörverständlichkeit 124

Image 19
Imagearbeit 94
Information 20, 28
Informationsjournalismus 31
Informationsrede 54
Informieren 11, 29
Internet 73
Interview 129
Issue 41
Issue Management 42

Journalismus 27
Journalist 85

Kernbotschaft 5
Kleidung 110
Klient 9, 21, 35, 70, 111, 126, 137, 141
Kommunikationsagentur 55
Körper 21
Körpersprache 22
Kreativitätstechnik 123
Krise 112, 113

Leadsatz 29, 31
Leadsatz-Prinzip 31

loci communis   37
Logik   66
logos   96

Manipulieren   72
Manuskript   47
Marketing   71
Massenmedien   28
Medien Tenor   87, 94
Medien   29
Medienauftritt   89
Mediencoach   26
Medienkommunikation   79
Medienrhetorik   27, 78
Medientraining   10, 128
Meinung   15, 41
Meinungsbefragung (polling)   36
Methoden   9, 117, 122
Motiv   37
mündlich   47
Mündlichkeit   11, 47

Nachricht   29
natürlich   16
Natürlichkeit   15

Originalität   103

Pannen   112
pathos   17, 61, 96
Person   18
Personifizierung   20, 47, 87
Präsentation   101
PR-Beratung   138
Pressemitteilung   14
Printjournalismus   32
Produktionsstufe   62
PR-Stratege   16
Public Relations   12
Publizistik   28, 29
Pyramide   30

Q and A   18, 117, 135, 138
Quotes   51

Redeausschnitt   52

Redefähigkeit   83
Redegattung   62
Redelehre   34
Redemanuskript   138
Reden   48, 100
Redenschreiber   54, 126, 127
Redeplanung   49
Redeteil   63
Redetrainer   26
Redevorbereitung   25
Referenz   108, 109
Rhetorik   12

Sachlichkeit   114
Satzplanung   49
Schlußsatz   35
Schreiben fürs Hören   121, 124
Schreiben   48
Schreib-Stilistik   121
Schriftsprache   49
Schwundstufe der Rhetorik   15
Seminar   10, 137
Slogan   50, 52
Sollsatz   43
Soundbites   51, 138
Spitzenmanager   92
Spontaneität   26
Sprachstil   61, 64
Sprechbarkeit   124
Sprechsituation   26
Sprechstil   52, 61, 64
Statement   129
Stichwort   135
Stichwortkonzept   122, 133
Streit   44

Teleprompter   49, 80, 133
Text   9, 18
Textlastigkeit   19
Topik   45, 117, 119, 137
Training   133, 138
Transformation   20
TV-Präsenz   48
TV-Statement   52

Überreden   73

Überzeugen 11, 33
Überzeugungsrede 54

Veranstaltung 110
Verhalten 22
Vorbereitungsmethode 49
Vorbereitungsprodukt 118
Vorlesen 49, 54
Vorstand 131

Wahlkampf 106
Wirkung 79, 123
Wirkungsabsicht 27
Wirtschaftsrhetorik 48, 139

Zielsatz 29, 34, 55, 64, 121
Zielsatz-Prinzip 35